對不起，長這樣！ 深海

生物圖鑑

新野 大 監修

瑞昇文化

序言

　　深海，一個光線抵達不了的漆黑世界。即便身處科學發

達的 21 世紀，對人類來說仍舊是充滿謎團的地方。

　　棲息於這樣深海的生物們，不少姿態令人覺得毛骨悚然，

難以從陸地生物想像。

　　本書就是在介紹這些看了令人吃驚、知道後教人驚訝的

深海生物們。

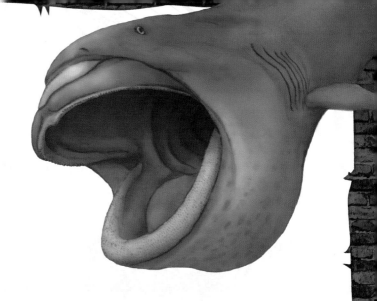

　　遠遠超乎想像的外貌、難以預料猜測的生態⋯⋯深海

生物們肯定能讓我們見識到各種「生物的神秘」。

　　那麼，這邊就來帶領大家進入深海生物棲息，令人驚恐

的深海世界吧！

目錄

Contents

第2章 | 上部深水層（1001～1500m）

CONTENTS CONTENTS CONTENTS CONTENTS

第 3 章 ｜ 下部深水層（1501～3000m）

第4章 | 深淵層、超深淵層（3001m～）

「深海」是

500m

1000m

1500m

2000m

2500m

3000m

3500m

4000m

4500m

5000m

5500m

6000m

其實，海洋幾乎都是深海！

被稱為「水之行星」的地球，約70%覆蓋著海洋。地球上所有的水當中，海水就佔約97.5%。

而「深海」是指，比海面下200公尺更深的部分。水深200公尺以內稱為「表層」，更深的海水就是「深海」。

說到深海，很多人會以為是海底最深、狹窄的部分吧。但是，地球全部的海洋深度平均約為3700公尺。換句話說，海洋幾乎都是深海。

深海可進一步細分為「中水層」（水深200公尺～1000公尺）、「深水層」（1001公尺～3000公尺）、「深淵層」（3001公尺～6000公尺）、「超深淵層」（6001公尺～）。其中，「超深淵層」約佔海洋全體的2%，是深海當中極為特殊的環境。順便

什麼？

一提，世界最深的海底是馬里亞納海溝的「挑戰者深淵（Challenger Deep）」，深達10920公尺，相當於沉沒3座富士山的深度。

深海與表層最大的不同在於陽光能否穿透，200公尺是陽光勉強能夠抵達的界線。陽光無法抵達也就表示沒辦法進行光合作用，海藻、植物性浮游生物無法在深海生存，造成深海與表層的生態系迥異。

深海有許多「詭

— 500m

— 1000m

— 1500m

— 2000m

— 2500m

— 3000m

— 3500m

— 4000m

— 4500m

— 5000m

— 5500m

— 6000m

深海是一片漆黑、溫度冰冷、
水壓極高的嚴峻世界

　　光線無法抵達的深海是非常嚴峻的世界，周圍一片漆黑、溫度冰冷，水壓也比表層高出許多。那麼，為什麼深海生物還要棲息於這樣的場所呢？

　　其最大的理由之一是，敵人較少。除了漆黑不容易被發現之外，深海的生物本來就比較少。在高水壓、漆黑、低水溫的環境，能夠生存的生物有限。

　　然而，敵人較少相對就難以尋獲獵物。於是，多數深海生物進化成就人類看來覺得「詭異」的姿態，有些眼睛巨大以便捕捉些微的光線；有些獠牙長到嘴巴無法閉上；有些長有會發光的釣竿以便吸引獵物；有些下顎比頭部大上 10 倍。這些都是為了在食物稀少的深海生存，所演化出來的生物特徵。另外，在

異」的生物!?

　　雌雄生物難以相遇的深海，還有些生物演化出在陸地完全無法想像的繁殖方法。

　　深海生物們今天也拚命地進食、拚命地逃跑、拚命地留下子孫。為什麼長得一臉驚悚？為什麼身體如此細長？為什麼那個部位有長毛？當了解背後的緣由後，相信大家也會覺得牠們的毛骨悚然其實挺可愛的吧。

200m～1000m / 1001m～1500m / 1501m～3000m / 3001m～

精選 之3
皇帶魚
▶▶▶ P.62

精選 之1
帆鰭魴
▶▶▶ P.72

精選 之2
隱巧戎
▶▶▶ P.84

MESOPELAGIC

第1章
中水層

200M - 1000M

一般來說，水深超過200公尺的部分統稱為深海，再根據海水的深度給予不同的名稱，深度200公尺～1000公尺為中水層。在宛若深海入口的中水層，有什麼樣的生物生存呢？

大鰭後肛魚

棲息深度

0　500　1000　1500　2000　2500　3000 (m)

稀有度 ★★★☆☆

200m～1000m

1001m～1500m

1501m～3000m

3001m～

通過上方的生物
也不放過

超 詭異指數

特大
大
中
小

學名 Macropinna microstoma		**種族** 水珍魚目後肛魚科	
棲息深度 400～800公尺		**棲息地** 太平洋等	
體長 約15公分		**食物** 水母、蝦子等	

　　大鰭後肛魚（俗稱：桶眼魚）是有著透明頭部的深海魚。那麼，頭部透明有什麼樣的好處呢？

　　大鰭後肛魚的眼睛長在透明的頭部裡面，嘴巴上方的凹陷其實是鼻子，頭內2顆綠色球體才是真正的眼睛。牠們多虧這樣的眼睛構造，除了前方以外還能看見上方。牠們棲息的深度尚有些許的陽光穿透，這雙眼睛能夠捕捉在頭頂悠遊的生物影子。

　　然而，這個透明的頭部相當脆弱，一被網子勾到撈起便會剝落。因此，在首次拍攝於深海游泳的身影之前，一直被認為是頭部凹陷的魚。

◀ C O L U M N ▶

小知識

腹部發光的望遠冬肛魚

同為後肛魚科的望遠冬肛魚，雖然沒有透明的頭部，但腹部能夠發光。牠們在腸中養著會發光的細菌。

QUIZ 謎題

Q. 大鰭後肛魚的透明頭部內充滿了什麼？
①空氣　②液體
③保存的食物

答案在下一頁

KEEP OUT　KEEP OUT

不易被敵人發現的扁薄身軀

半裸銀斧魚

棲息深度

| 0 | 500 | 1000 | 1500 | 2000 | 2500 | 3000 (m) |

稀有度 ★★★☆☆

嚴選積排

大中小

200m～1000m

1001m～1500m

151m～3000m

3001m～

宛若浮游於海中的忍者

答案 ②液體 頭內充滿用來保護眼睛的透明液體。

16

學名	Argyropelecus hemigymnus	種族	巨口魚目褶胸魚科
棲息深度	200～1000公尺	棲息地	太平洋、大西洋、印度洋
體長	約4公分	食物	小型生物

　　半裸銀斧魚的身軀非常扁薄，體長約4公分、體寬僅有數毫米，偌大的眼睛好像快要蹦出來一樣。

　　許多深海生物都是由下往上看，捕捉獵物的影子，半裸銀斧魚也是其中之一。半裸銀斧魚多虧扁薄的身軀，自己不易被這種類型的敵人發現。

　　再加上，半裸銀斧魚會使出「反照明（counterillumination）」技能，使腹部下方的發光器發出相當於陽光的亮光，讓自己看起來像是沒有影子。

　　雖然外貌感覺一臉在說「慘了……」，但實際上很少遇到危機的情況。

◀ COLUMN ▶

小知識

會「反照明」的生物

除了半裸銀斧魚之外，棘銀斧魚、鳳頭鸚鵡魷、螢火魷等等，都是會「反照明」的生物。

QUIZ 謎題

Q. 半裸銀斧魚的銀色身軀有著什麼樣的效果？
①反射光線
②像磁鐵能夠相吸
③像銀礦一樣堅硬

答案在下一頁

KEEP OUT　KEEP OUT

主食浮游生物

巨口鯊

0	500	1000	1500	2000	2500	3000 (m)

稀有度 ★★ ★ ★ ★

200m〜1000m / 1001m〜1500m / 1501m〜3000m / 3001m

個性其實是相當溫馴

大中小

答案 ① 反射光線　這也是不易被敵人發現的特徵之一。

學名	Megachasma pelagios	種族	鼠鯊目巨口鯊科
棲息深度	200公尺附近	棲息地	太平洋、日本近海等
體長	約7公尺	食物	浮游生物

巨口鯊如同其名是有著巨大嘴巴（口部）的鯊魚，體長相當巨大長達7公尺，外觀驚悚程度在深海生物中，也算是數一數二的吧。

然而，巨口鯊並不像大白鯊一樣會襲擊人類，對海豹、烏賊也不具威脅性。跟巨大的嘴巴不相稱，牠們頂多食用小型浮游生物來生存。

這個巨口鯊稀有到被稱為「夢幻的巨大鯊魚」，但不曉得是什麼緣分，經常在日本近海發現牠們的身影。難道過著樸素飲食生活的巨口鯊，也萌生日本的「侘寂」之心了嗎？

◀ C O L U M N ▶

鯊魚的牙齒能夠不斷重新長出來

小知識

人類一生僅能換牙一次，但鯊魚遇到牙齒缺損、脫落，能夠不斷長出新的牙齒，甚至還有一生可重新長出3萬顆牙齒的鯊魚。

QUIZ 謎題

Q. 巨口鯊的牙齒有什麼特徵？
① 非常巨大
② 散發銀色的光芒
③ 其實沒有牙齒

答案在下一頁

聞風不動的狙擊手

阿部氏單棘躄魚

棲息深度

| 0 | 500 | 1000 | 1500 | 2000 | 2500 | 3000 (m) |

稀有度 ★★★☆☆

200m〜1000m

1001m〜1500m

1501m〜3000m

3001m〜

這樣的
體色
意外地
不顯眼

詭異程度

大
中
小

答案　❷ **散發銀色的光芒**　巨口鯊長有銀色的上顎齒，此色澤能夠引誘浮游生物接近。

生物資料

學名 Chaunax abei		**種族** 鮟鱇目單棘躄魚科	
棲息深度 90〜500公尺		**棲息地** 南日本、東海	
體長 約30公分	**食物** 魚類		

　　若是家裡的客廳出現單棘躄魚的話，可能引起恐慌或者被錯當成坐墊……不管是哪種情形，都會一下子就發現其存在吧。

　　然而，在光線甚少的深海裡，紅色反而是不顯眼的顏色。身上的黃綠色斑點模樣，也具有擬態偽裝的效果。雖然可能令人難以相信，如此花俏的生物在深海卻不怎麼顯眼。

　　然後，單棘躄魚會一面擺動雙眼間的突起，一面在海底靜靜地等待獵物上門。當喜歡吃的小魚等出現在眼前時，會瞬間「啊唔！」大口吞下。因為不擅長游泳，牠們才下了各種工夫來生存。

◀ COLUMN ▶

小知識

深海的紅色生物們

在光線甚少的地方，紅色的東西會看起來像是黑色。因此，深海有許多紅體色的生物，比如血紅櫛水母、紅楚蟹、棘茄魚等等。

QUIZ 謎題

Q. 單棘躄魚遇到危機時會做出什麼反應？
① 釋出毒素
② 呼叫同伴
③ 膨脹起來

答案在下一頁

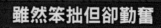

雖然笨拙但卻勤奮

紅唇蝙蝠魚

棲息深度

| 0 | 500 | 1000 | 1500 | 2000 | 2500 | 3000 (m) |

稀有度 ★★★☆☆

200m～1000m

1001m～1500m

1501m～3000m

3001m～

使用魚鰾
搖搖晃晃前進

中
小

答案　③**膨脹起來**　吞進海水膨脹成像一顆球，讓身體看起來巨大。

學名 Malthopsis lutea	**種族** 鮟鱇目棘茄魚科
棲息深度 100～700公尺	**棲息地** 南日本、台灣、菲律賓周邊
體長 約10公分	**食物** 貝類、甲殼類、魚類等

　　雖然外貌形似青蛙，但紅唇蝙蝠魚是鮟鱇魚的同伴，確確實實是一種魚類。

　　看起來像是腳的部分其實是發達的胸鰭、腹鰭，紅唇蝙蝠魚巧妙運用身上的魚鰭，在海底搖搖晃晃步行前進。當敵人接近時，紅唇蝙蝠魚會伸展魚鰭、壓低身子，一動也不動地等待危機過去。牠們可以像其他魚類一樣游泳，但不擅長長時間游動。

　　如此笨拙的紅唇蝙蝠魚，為了吸引獵物接近，雙眼間長有如同釣魚用假餌的構造。然而，可悲的是假餌過小，幾乎起不了作用，只看起來像是鼻毛隨風飄動。

◀ COLUMN ▶

小知識

棘茄魚科的生物

紅唇蝙蝠魚歸屬的棘茄魚科包含了78種生物，基本上都不擅長游泳。跟紅唇蝙蝠魚一樣擺動魚鰭在海底步行移動。

QUIZ 謎題

Q. 紅唇蝙蝠魚（フウリュウウオ）的日文漢字為何？
①風流魚　②風龍魚
③風柳魚

答案在下一頁

23

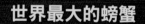

世界最大的螃蟹

甘氏巨螯蟹

棲息深度

0　500　1000　1500　2000　2500　3000 (m)

稀有度 ★★★★☆

200m～1000m

1001m～1500m

1501m～3000m

3001m～

日本周邊是我們的住所

中小

答案　①風流魚　日文「風流」意為「美麗」、「優雅」。

學名	Macrocheira kaempferi	種族	十足目蜘蛛蟹科
棲息深度	50～300公尺	棲息地	岩手縣以南的太平洋、東海
體長	約30公分（蟹殼）	食物	貝類、甲殼類

　　巨螯蟹（高足蟹）是棲息於日本周邊、世界最大的螃蟹，雄蟹左右螯腳伸展開來可長達3公尺。順便一提，楚蟹螯腳伸展開來約長70公分，相較之下就能了解巨螯蟹有多大隻了吧。牠們平常棲息於水深300公尺左右的深海，但到了春天產卵期會移動至淺海。在這個時期海洋潛水能夠遇到牠們，相當受到潛水客歡迎。

　　然後，巨螯蟹跟普通螃蟹一樣會蛻皮，但因為身軀龐大，相對於小隻日本澤蟹約需30分鐘，牠們需要耗時6小時才能完成蛻皮。

◄ C O L U M N ►

小知識

巨大化的深海海星

深海裡棲息著巨大化的海星。在日本周邊出沒的大王五角海星，直徑約有40公分；而在北美西海岸出沒的巨無霸海星，直徑長達60公分。

QUIZ 謎題

Q. 在靜岡縣沼津市戶田，人們會將巨螯蟹拿來做什麼？
①占卜　②驅魔
③祭祀

答案在下一頁

惹人憐愛的「流冰天使」

裸海蝶

棲息深度

0　500　1000　1500　2000　2500　3000 (m)

200m～1000m

1001m～1500m

1501m～3000m

3001m～

進食的場面極為驚悚

流冰天使

中小

學名	Clione limacina	種族	裸殼翼足目海若螺科
棲息深度	0～600公尺	棲息地	北極、南極周邊的冷水域
體長	約3公分	食物	蟲虎螺

裸海蝶多以屬名「海若螺（Clione）」來稱呼，如同其名是螺的同伴，但長大後螺殼就會消失不見。

裸海蝶悠悠擺盪的泳姿宛若振動翅膀，非常惹人憐愛。因這討喜的模樣而被喻為「流冰天使」、「海之妖精」等，在水族館是非常受到歡迎的生物。

如此可愛的牠們，在進食時卻如同惡魔一般。當發現獵物時，頭頂會「啪咖！」張裂開來，從中扭捏竄出6條口錐（buccal cone），瞬間捕獲獵物。然後，裸海蝶飽食後，又會像是什麼事都沒發生一樣，恢復成天使的模樣。

◀ COLUMN ▶

小知識

久違百年發現的新種海若螺

在2016年，發現時隔約100年的新種海若螺「達摩裸海蝶（Clione okhotensis）」。如同其名，外貌形似達摩不倒翁，一點都不像是天使。

QUIZ 謎題

Q. 海螺碟可以多久不進食？
①1個禮拜　②1個月
③1年

答案在下一頁

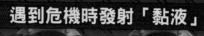

遇到危機時發射「黏液」

紫黏盲鰻

棲息深度

| 0 | 500 | 1000 | 1500 | 2000 | 2500 | 3000 (m) |

稀有度 ★★★★★

靠著黏稠液體保護自己

200m～1000m

1001m～1500m

1501m～3000m

3001m～

中小

答案　❸1年　長大後可以絕食長達1年

28

學名	Eptatretus okinoseanus	種族	盲鰻目盲鰻科
棲息深度	200～765公尺	棲息地	太平洋、日本海
體長	約80公分	食物	鯨魚的死骸

看起來像嘴巴的孔洞其實是鼻子，紫黏盲鰻幾乎看不見東西，而是靠著氣味來覓食。嘴巴位於鼻孔下方，以鋸齒狀的牙齒削取肉來進食。

紫黏盲鰻的最大特徵是名字裡頭的「黏液」，遇到危機時會從身體噴出黏稠的「黏液」保護自己。這個黏液對敵人來說不好對付，一不小心跑進魚鰓裡便會窒息身亡。

然而，「黏液」有時也會跑進自己的鼻孔。此時，牠們會像人類從鼻孔飛出花生一樣，「噴！」地將黏液強力噴濺出來。

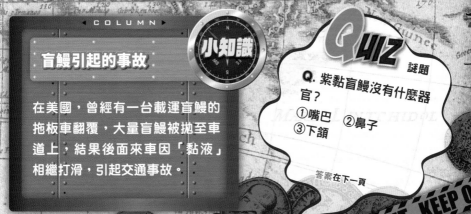

◀ COLUMN ▶

小知識

盲鰻引起的事故

在美國，曾經有一台載運盲鰻的拖板車翻覆，大量盲鰻被拋至車道上，結果後面來車因「黏液」相繼打滑，引起交通事故。

QUIZ 謎題

Q. 紫黏盲鰻沒有什麼器官？

①嘴巴　②鼻子
③下顎

答案在下一頁

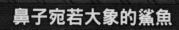

鼻子宛若大象的鯊魚

象鯊

棲息深度

| 0 | 500 | 1000 | 1500 | 2000 | 2500 | 3000 (m) |

稀有度 ★★★☆☆

靠著鼻子前端捕捉電流

200m～1000m

1001m～1500m

1501m～3000m

3001m～

脆弱物種

30

學名	Callorhinchus milii	種族	銀鮫目葉吻銀鮫科
棲息深度	250公尺附近	棲息地	太平洋南西
體長	約1公尺	食物	貝類、甲殼類等

不是抹布鯊魚而是象鯊（葉吻銀鮫），歸屬跟鯊魚不同的銀鮫家族，因有著如同大象的鼻子而得名。

「這哪裡像象鼻？」先不管這樣的疑問，這個鼻子擁有非常高的性能。鼻子前端可作為探測器，捕捉獵物們發出的微弱電流。即便獵物藏身於泥土中，牠們也能夠找尋出來。

雖然帶給人高科技的感覺，但象鯊其實早在數億年前就存活於地球上，而且據說外貌幾乎沒有變動過。儘管跟大象不怎麼相似，卻是比大象還要資深的超級大前輩。

◀ C O L U M N ▶

小知識

鼻子筆直伸直的長吻銀鮫

銀鮫目之一的長吻銀鮫（日文：天狗銀鮫）跟象鯊不同，鼻子（嘴巴上方）為筆直伸直。這次就名實相符，外貌真的宛若「天狗」的細長鼻子。

QUIZ 謎題

Q. 象鯊一次產出多少顆卵？

① 2顆 　② 100顆
③ 1萬顆

答案在下一頁

琴水母

棲息深度

0　500　1000　1500　2000　2500　3000 (m)

200m～1000m

1001m～1500m

1501m～3000m

3001m～

不會游泳的水母

讀書猜猜看

小

答案 ②2顆　象鯊會在海底產下2顆卵，就海洋生物來說，產卵量非常稀少

學名	Lyrocteis imperatoris	種族	扁櫛水母目琴水母科
棲息深度	70～230公尺	棲息地	日本近海
體長	約15公分	食物	小型浮游生物

　　說到水母，一般都會聯想在海中悠悠漂浮的模樣。然而，琴水母長大後卻是黏在石頭上，完全不漂浮游動，其外貌宛若愛心一樣。

　　那麼，琴水母黏在石頭上，牠們要怎麼捕獲食物呢？答案是觸手，如同遊戲、動畫中的怪物，伸長觸手來捕食浮游生物。

　　然後，更令人驚訝的是，發現琴水母的人是以喜歡水母聞名的昭和天皇。因此，琴水母的種小名才會取帶有天皇之意的「imperatoris」。

◀ C O L U M N ▶

小知識

深海的海葵

琴水母生存於海葵附近。深海也有海葵棲息，其中一種絨球海葵（Liponema multicornis），長得像是大理菊的花朵。

QUIZ 謎題

Q. 琴水母（コトクラゲ）的名稱由來是？
①形似豎琴
②會「コトコト」鳴叫
③發現於古都（こと）京都

答案在下一頁

KEEP OUT　KEEP OUT

粗體短吻獅子魚

棲息深度

| 0 | 500 | 1000 | 1500 | 2000 | 2500 | 3000 (m) |

稀有度 ★★★★★

猜猜看謎題

中
小

光圓的頭部是魅力所在

200m～1000m

1001m～1500m

1501m～3000m

3001m～

答案 ①形似豎琴 不是像日本的古琴，而是像西洋的豎琴（harp）。

34

學名	Careproctus trachysoma	種族	鮋形目獅子魚科
棲息深度	200～800公尺	棲息地	日本海、鄂霍次克海
體長	約30公分	食物	小型甲殼類

　　出家的女性稱為「比丘尼」（尼姑）。粗體短吻獅子魚這種深海魚，因光圓頭部形似比丘尼，所以日文稱為「ザラビクニン（鬍鬚尼姑魚）」。在廣大的海洋中，除了潛水採集海產的海女之外，也有尼姑悠遊其中。

　　粗體短吻獅子魚沒有魚鱗，皮膚像果凍般柔軟，跟水母一樣撈上岸後身體會塌掉。腹部長有小型吸盤，能夠吸附堅硬物體。

　　然後，這種獅子魚是以頭下尾上的姿態來覓食。因為胸鰭能夠感知味道，所以將胸鰭貼近海底嚐試味道。

◄ COLUMN ►

小知識

皮膚柔軟有彈性的生物

同為獅子魚科的圓頭短吻獅子魚（ Careproctus rausuensis ），皮膚也如果凍般柔軟有彈性。身體幾乎由水分構成，才有辦法承受深海的高水壓。

QUIZ 謎題

Q. 粗體短吻獅子魚是哪一屬的物種？
① 擬獅子魚屬
② 喉肛獅子魚屬
③ 短吻獅子魚屬

答案在下一頁

KEEP OUT　KEEP OUT

皇帝手魷

200m～1000m

1001m～1500m

1501m～3000m

3001m～

明明像個幽靈

卻意外淘氣

詭異程度

中
小

生物資料

學名 Chiroteuthis picteti		**種族** 魷目手魷科	
棲息深度 200～600公尺		**棲息地** 太平洋、印度洋	
體長 約25公分（身體）		**食物** 蝦類、蟹類	

　　因為發現當下牠們看起來像幽靈一般靜靜飄浮，所以日文取名為幽靈烏賊。不過，仔細觀察後發現，牠們是會發出亮光、積極游動的活潑生物。

　　雖然皇帝手魷的身體呈現半透明，不容易被發現，但眼睛與內臟還是相當明顯。因此，牠們會發光消除自己的影子來保護自己。另外，牠們在覓食時也會讓觸手發光，像假餌一樣引誘獵物接近。

　　然而，就像我們很少遇見幽靈，活體皇帝手魷的發現案例極少，人類對其生態還不是很了解。

◀ C O L U M N ▶

隱藏透明的身體

小知識

玻璃章魚（Vitreledonella richardi）跟皇帝手魷一樣，身體都是透明的。不過，牠們會將身體縱向拉長，來縮小內臟影子的面積。

QUIZ 謎題

Q. 皇帝手魷的觸手有什麼特徵？

①有較細的觸手與較粗的觸手
②有色澤明顯不同的觸手
③有硬度不同的觸手

答案在下一頁

KEEP OUT　KEEP OUT

其實還沒有滅絕

腔棘魚

棲息深度

| 0 | 500 | 1000 | 1500 | 2000 | 2500 | 3000 (m) |

稀有度 ★★★★★

200m～1000m

1001m～1500m

1501m～3000m

3001m～

演化成陸地生物

到一半的

「活化石」

答案 ① 有細的觸手與粗的觸手　10隻觸手中，較粗觸手與較細觸手各有2隻

學名	Coelacanthiformes	種族	腔棘魚目腔棘魚科
棲息深度	50～數百公尺	棲息地	南非附近等
體長	約1～2公尺	食物	魷類、魚類

　　腔棘魚是，出現於4億年前古生代泥盆紀的魚類。學者原本以為6500萬年前白堊紀結束後就已經滅絕，但卻在1938年發現存活的個體。

　　古代生物的化石可作為資訊來源。因為白堊紀末未發現腔棘魚的化石，所以學者過去才認為在該時代已經滅絕。出乎意料之外的是，何止化石而已，本尊直接登場，當時的學者們肯定驚訝到腿軟吧。

　　後來，研究發現，腔棘魚具有跟陸地生物同型的遺傳基因。牠們應該是介於魚類與從魚類進化的陸地生物之間的生物吧。

◀ C O L U M N ▶

「活化石」三棘鱟

小知識

三棘鱟（Tachypleus tridentatus）也是被稱為「活化石」的生物之一，比起螃蟹更像是蜘蛛，學者認為牠們現在的姿態已經維持約2億年了。

QUIZ 謎題

Q. 為什麼深海存活著許多「活化石」？
①因為環境沒有太大的變動
②因為水壓高
③因為食物多

答案在下一頁

頭足類的「活化石」

鸚鵡螺

棲息深度

0　　500　　1000　　1500　　2000　　2500　　3000 (m)

稀有度 ★★★☆☆

明明是自己的家
卻不能整個縮進去

200m～1000m

1001m～1500m

1501m～3000m

3001m～

答案　①因為環境沒有太大的變動　深海環境從數億年前就沒有太大的變動，生物也就沒有必要進化

40

學名	Nautilus pompilius	種族	鸚鵡螺目鸚鵡螺科
棲息深度	0～400公尺	棲息地	印度洋～西太平洋
體長	約20～25公尺（螺殼）	食物	蝦類、蟹類

　　跟腔棘魚一樣，鸚鵡螺也是「活化石」之一。學者認為，鸚鵡螺的祖先繁盛於約4億9000萬年前的奧陶紀。

　　雖然形似螺貝，但鸚鵡螺跟章魚、烏賊同為頭足類的物種。然而，相對於僅能存活數年的章魚、烏賊，鸚鵡螺能夠活將近20年之久。

　　螺殼中區分成好幾間房間，在最靠近出口的大房間裝進本體。不過，裡頭的房間有牆壁間隔開來，所以鸚鵡螺沒辦法讓身體整個縮進去。順便一提，牠們的螺殼潛到太深的地方，會因水壓碎裂喔。

◄ C O L U M N ►

小知識

菊石是不同的生物

鸚鵡螺與菊石的外觀、分類都極為相似，但兩者是不同的生物。鸚鵡螺現在也有個體存活，但菊石已經完全滅絕了。

QUIZ 謎題

Q. 雌鸚鵡螺的觸手約有幾隻？
①9隻　②90隻
③900隻

答案在下一頁

流著透明血液的魚

頭帶冰魚

棲息深度

| 0 | 500 | 1000 | 1500 | 2000 | 2500 | 3000 (m) |

稀有度 ★★★★★

即便環境冰冷
也不會結凍

謎團解析

中
小

答案　❷90隻　使用約90隻的觸手捕捉喜歡的食物。

42

生物資料

學名	Chaenocephalus aceratus	種族	鱸形目鱷冰魚科
棲息深度	0～800公尺	棲息地	南極海
體長	約70公尺	食物	魚類、蝦類

普通的魚在水溫低於負0.8度左右就會結凍。那麼，生活於在水溫負2～3度的南極海，這裡的魚類為什麼不會凍得硬梆梆呢？

其實，牠們的血液含有「抗冷凍蛋白質」。多虧這個特殊的蛋白質，牠們才能在極度冰冷的海洋中生存。

棲息於南極海的頭帶冰魚，也是含有抗凍蛋白的魚類。不過，牠們的血液有另一項更驚人的特徵，體內流著的血液竟然是透明的。血液透明是因沒有血紅素等色素，但為什麼會沒有色素？目前仍舊不明。

◄ C O L U M N ►

小知識

為什麼南極海不會結凍？

水在0度時會結凍，這在小學理科課程就有學過。然而，海水因含有鹽分，所以不容易結冰，南極海水需要降至負20度才會結凍。

QUIZ
謎題

Q. 血紅素的主要功用為何？

① 搬運氧氣
② 製造肌肉
③ 強化骨骼

答案在下一頁

KEEP OUT KEEP OUT

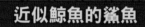

近似鯨魚的鯊魚

斯普蘭汀烏鯊

稀有度 ★★★☆☆

200m～1000m

1001m～1500m / 1501m～3000m / 3001m～

跟烏賊一樣
全身會發光的鯊魚

中
小

答案 ① 搬運氧氣　頭帶冰魚體內缺乏血紅素，氧氣需要溶於血漿中來運輸。

學名	Etmopterus splendidus	種族	角鯊目烏鯊科
棲息深度	120～210公尺	棲息地	東海、爪哇海等
體長	約30公分	食物	烏賊類

雖然日文名稱出現「鯨」字，但斯普蘭汀烏鯊是鯊魚的一種，歸屬於角鯊目烏鯊科，體長僅約30公分。就鯊魚家族來說，算是相當小型的物種。

斯普蘭汀烏鯊以「會發光的鯊魚」聞名，幾乎全身都帶有發光器，腹部能夠發出強烈的亮光。明明是鯊魚卻近似鯨魚，明明是鯊魚卻像烏賊一樣會發光，真是奇妙的生物。

然後，牠們發出的光具有「反照明」的作用。以牠們的身軀根本敵不過獵食者的大型鯊魚，所以才要靠著發光來隱藏自身。

◀ C O L U M N ▶

發出綠光的東太平洋絨毛鯊

小知識

東太平洋絨毛鯊（Cephaloscyllium ventriosum）是會發出綠色螢光的鯊魚，但人眼無法辨識該綠光，需用特殊的相機才能夠確認。

謎題

Q. 下面何者不是鯊魚？
①烏翅真鯊（Carcharhinus melanopterus）
②蒲原氏擬錐齒鯊（Pseudocarcharias kamoharai)
③銀鯊（Balantiocheilos melanopterus）

答案在下一頁

冰蠕蟲

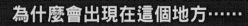

棲息深度

| 0 | 500 | 1000 | 1500 | 2000 | 2500 | 3000 (m) |

稀有度 ★★★★★

200m～1000m
1001m～1500m
1501m～3000m
3001m～

以甲烷水合物為巢穴

超 詭異程度

特大
大
中
小

學名	Hesiocaeca methanicola	種族	葉鬚蟲目海女蟲科
棲息深度	540公尺	棲息地	墨西哥灣
體長	不明	食物	不明

　　包括日本近海，全世界海底都沉睡著名為甲烷水合物的冰狀物質。甲烷水合物作為替代石油的新能源受到注目，但採掘的成本高昂，目前仍未實用化。

　　不過，深海裡已經有生物能夠活用這個甲烷水合物。牠們叫做冰蠕蟲，屬於多毛綱，是沙蠶的同伴。

　　冰蠕蟲會在甲烷水合物中挖洞住進去，以將甲烷轉為能量的細菌為食。相信不久的將來，人類也會奪走牠們的生活處所吧。

◄ C O L U M N ►

小知識

沙蠶可作為釣魚的餌食

沙蠶家族有數千多種，其中一部分是常見的海釣餌食，適合用來釣鰕虎魚、鱚魚等小型魚。

QUIZ 謎題

Q. 冰蠕蟲有什麼厲害的特技？

①沒有食物也能存活
②沒有頭部也能存活
③沒有氧氣也能存活

答案在下一頁

不要看正面啊
三齒魨

棲息深度

| 0 | 500 | 1000 | 1500 | 2000 | 2500 | 3000 (m) |

稀有度 ★★★★★

展開腹部

嚇走敵人

誘惑範圍

小

200m～1000m

1001m～1500m

1501m～3000m

3001m～

答案　③沒有氧氣也能存活　根據紀錄，冰蠕蟲可在缺氧環境下存活96小時

學名	Triodon macropterus	種族	魨形目三齒魨科
棲息深度	50～300公尺	棲息地	南日本海岸、印度洋、西太平洋
體長	約40公分	食物	不明

　　三齒魨因腹部（腹膜）展開後形似團扇，所以日文取名為團扇河豚。不過，牠們平常並非以這樣的姿態游泳。

　　三齒魨在遇到危機時才會展開團扇。普通的河豚會像氣球般膨大，而三齒魨則是展開腹膜，讓身體看起來比較大。以這種方式保護自己的河豚，目前僅有三齒魨而已。

　　三齒魨是非常稀有的魚類，極少情況可由定置網、釣魚捕獲。在市場上看不見牠們的身影，但魚肉沒有毒性，在沖繩等地會拿來食用。

◀ C O L U M N ▶

小知識

深海還有其他的河豚？

擬三棘魨雖然外觀不像河豚，卻是棲息於水深200公尺附近的魨形目魚類，特徵為長約10公分的紅色身軀與櫻桃小嘴，以鉤蝦等生物為食。

QUIZ 謎題

Q. 魨的俗稱為何？
①河豚
②河猿
③河犬

答案在下一頁

感覺能夠磨碎白蘿蔔

尖背角鯊

棲息深度

| 0 | 500 | 1000 | 1500 | 2000 | 2500 | 3000 (m) |

稀有度 ★★★★★

200m～1000m
1001m～1500m
1501m～3000m
3001m～

差點演化成
狸貓的鯊魚

深度範圍

中
小

答案 ①河豚 鮐與豚同音。順便一提，河豚跟「海豚」是不一樣的生物。

學名 Oxynotus japonicus	**種族** 角鯊目粗皮棘鮫科	
棲息深度 150～300公尺	**棲息地** 相模灣、駿河灣等等	
體長 約60公分	**食物** 不明	

　　如同日文的「鮫肌（乾燥粗糙的皮膚）」，鯊魚的身體通常都是粗皮。其中，尖背角鯊的鱗片更是粗糙，身體表面好像可以將白蘿蔔磨碎成泥，所以日文取名為「オロシザメ（蘿蔔泥鯊魚）」。

　　鯊魚同伴的姿態大多相似，但尖背角鯊的外型卻相當有個性。從側面來看，背部呈現大大的隆起；從正面來看，鼻孔看起來非常大。而且，游泳能力遠比其他鯊魚來得弱。

　　雖然最終稱為尖背角鯊，但因外貌看起來像狸貓，據說有人提出「オロシタヌキ」的候補名稱。這個名稱連「鯊」字都沒有，根本就像是蕎麥麵店的菜單名。[※]

◀ COLUMN ▶

小知識

資料不全的尖背角鯊

尖背角鯊的發現案例鮮少，人類幾乎不了解牠們的生態。飼養於沼津港深海水族館的個體也因絕食而亡，牠們是以什麼為食依然不明。

謎題

Q. 哪一種鯊魚真的被當作擦菜板？

① 扁鯊
② 鋸鯊
③ 鯨鯊

答案在下一頁

紅燈籠水母

棲息深度

| 0 | 500 | 1000 | 1500 | 2000 | 2500 | 3000 (m) |

稀有度 ★★★★★

200m〜1000m

1001m〜1500m

1501m〜3000m

3001m〜

靠著紅傘藏起吃進的東西

答案 ①扁鯊 扁鯊粗糙的皮膚被當作是磨碎山葵的器具。

學名	Pandea rubra	種族	花水母目面具水母科
棲息深度	450～1000公尺	棲息地	太平洋、大西洋、南極海
體長	約18公分（傘狀體）	食物	浮游生物

　　紅燈籠水母喜歡以浮游生物、小型魚為食，但透明的身體吃進會發光的獵物，反而容易被敵人發現。此時，體內紅色的傘狀體就派上用場了。如同21頁的說明，在深海裡紅色看起來像黑色，不怎麼顯眼，紅燈籠水母會將食物藏於紅傘中。

　　另外，饒有趣味的是，有些紅燈籠水母身上會附著鉤蝦、海蜘蛛等，提供小型生物住所。就像父執輩們被居酒屋的紅燈籠吸引過去，深海的紅燈籠水母也非常受到歡迎。

◀ C O L U M N ▶

跟紅燈籠水母相似的水母

小知識

棲息於水深400～700公尺的紫藍蓋緣水母（Periphylla periphylla），同樣也是半透明的身體中有著紅黑色傘狀體，用來隱藏獵物的亮光。外觀形似竹筍，相當不可思議的水母。

QUIZ
謎題

Q. 紅燈籠水母與燈籠的共通點為何？
① 都能壓扁撐開
② 都能發光
③ 都有不同的顏色

答案在下一頁

感覺能夠不斷分枝下去

筐蛇尾科的同伴

棲息深度

0　　500　　1000　　1500　　2000　　2500　　3000 (m)

稀有度 ★★★★★

200m～1000m

1001m～1500m

1501m～3000m

3001m～

擴展觸手 來捕捉獵物

詭異指數

大中小

答案 ①都能壓扁撐開　紅燈籠水母是藉由壓扁撐開身體來游動。

學名 Gorgonocephalidae	種族 蜷蛇尾目筐蛇尾科
棲息深度 500公尺	棲息地 南極海、日本近海
體長 不明	食物 動物性浮游生物

　　乍看之下有如珊瑚，但筐蛇尾其實是蛇尾（陽遂足）的同伴。雖然觸手分枝得極其複雜，但仔細觀察可發現跟普通蛇尾一樣有著5隻觸手。

　　然後，這些觸手能夠朝著喜歡的方向扭動伸展。運用觸手移動到周圍潮流快速的岩石、珊瑚上，接著將觸手大把張開，捕捉飄流過來的浮游生物，再將抓到的獵物送至位於中央腹側的嘴巴。

　　面對如此擴大展開的觸手，浮游生物們也沒辦法簡單脫逃吧。

◀ C O L U M N ▶

小知識

蛇尾是什麼樣的動物？

蛇尾是跟海星親緣關係接近的棘皮動物，基本上都長有5隻細長的觸手，觸手能夠想像蛇一樣彎曲扭動。

QUIZ 謎題

Q. 筐蛇尾（テヅルモヅル）的日文漢字為何？
①手蔓藻蔓
②手釣藻釣
③手弦藻弦

答案在下一頁

KEEP OUT　KEEP OUT

深海的巨大烏賊

大王烏賊

棲息深度

| 0 | 500 | 1000 | 1500 | 2000 | 2500 | 3000 (m) |

稀有度 ★★★★★

200m～1000m

1001m～1500m ／ 1501m～3000m ／ 3001m～

天敵是抹香鯨

大中小

猜猜看是哪一種

答案 ①手蔓藻蔓 分枝的觸手看起來像是植物的藤蔓。

學名	Architeuthis dux	種族	管魷目大王烏賊科
棲息深度	數百～1000公尺	棲息地	太平洋、印度洋、大西洋
體長	最大18公尺	食物	烏賊類、魚類

　　大王烏賊是，匹配冠上大王之名的世界最大級烏賊。根據紀錄，全長最大可達18公尺，光是眼球直徑就有30公分，比籃球還大上一圈。

　　如此巨大的身軀在深海堪稱無敵，但仍有一種積極襲擊大王烏賊的恐怖生物，那就是同為巨大生物的抹香鯨。對喜歡捕食烏賊的抹香鯨來說，大王烏賊是相當有嚼勁的獵物。

　　今天也在海底某處，展開迫力滿點的戰鬥吧。順便一提，據說人類的味覺一點都不覺得大王烏賊美味。

◀ COLUMN ▶

小知識

大王烏賊是「挪威海怪」的原型

流傳於歐洲的「挪威海怪」，據說是以大王烏賊為原型。這怪物也有出現在電影《神鬼奇航》裡頭。

QUIZ 謎題

Q. 大王烏賊有什麼特技？

①膨大身體
②改變身體顏色
③讓身體發光

答案在下一頁

宛若南國的工藝品

綴殼螺

棲息深度

0　500　1000　1500　2000　2500　3000 (m)

稀有度 ★ ☆☆☆☆

200m～1000m

1001m～1500m

1501m～3000m

3001m～

貝殼黏在貝殼上

中
小

詭異程度

答案　②改變身體顏色　大王烏賊的身體會邊游邊變為白色、銀色、金色。

學名	Xenophora pallidula	種族	新進腹足目綴殼螺科
棲息深度	50～200公尺	棲息地	西太平洋、印度洋
體長	約8公尺（螺殼）	食物	浮游生物

　　綴殼螺是一種棲息於深海入口附近的螺貝。如同插圖所見，其螺殼裝飾得相當誇張，但這些全是牠們自己黏上去的。

　　綴殼螺會巧妙活動細長的嘴吻，收集周圍的小石子、其他貝類、珊瑚等等，孜孜不倦地妝點螺殼。因為牠們的螺殼單薄，所以才要這樣來強化吧。

　　然而，根據不同的個體，有些專門收集小石子、有些專門收集雙殼貝等等，好像有著自己的堅持。或許，牠們只是暗自享受裝扮自己也說不定喔。

◀ C O L U M N ▶

小知識

棲息深海的螺貝

有一種名為阿爾賓螺（Alviniconcha hessleri）的深海螺，會讓以化學合成產生能量的細菌在鰓中共生，再從細菌獲取養分生存。

QUIZ 謎題

Q. 下列何者是綴殼螺（熊坂貝）的名稱由來？
①盜賊 ②間諜
③騙子

答案在下一頁

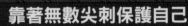

靠著無數尖刺保護自己

毬栗蟹

靠著無數尖刺保護自己

棲息深度

| 0 | 500 | 1000 | 1500 | 2000 | 2500 | 3000 (m) |

稀有度 ★★★★★

200m～1000m

1001m～1500m

1501m～3000m

3001m～

驚為天人的防禦力

棲息環境

中
小

答案　③盜賊　形似平安時代傳說中的盜賊，熊坂長藩背負贓物的模樣

60

生物資料

學名 Paralomis hystrix		**種族** 十足目石蟹科	
棲息深度 150～600公尺		**棲息地** 東京灣～土佐灣、紐西蘭近海	
體長 約13公分（蟹殼）		**食物** 貝類、沙蠶類等	

　　日本童話《猿蟹合戰》中出現了螃蟹與栗子兩個角色，而在現實世界的深海裡，有一隻飾演這兩個角色的生物，那就是甲殼上如毬栗般遍布尖刺的毬栗蟹。

　　毬栗蟹從蟹殼到蟹腳布滿密密麻麻的尖刺。成蟹的尖刺長約1～1.5公分，尖刺在幼蟹時比較長，但會隨著成長而變短。牠們靠著這無數的尖刺來保護自己。

　　順便一提，捕獲毬栗蟹時，通常是雌蟹雄蟹一起撈起，所以又常被稱為「夫婦蟹」。雖然外觀滿是尖刺，但看來夫婦生活相當圓滿。

◀ C O L U M N ▶

小知識

毬栗蟹不是螃蟹？

毬栗蟹屬於石蟹家族。螃蟹家族的螯足加步足共有10隻腳，但毬栗蟹最後一對腳藏於蟹殼中，僅能看到8隻腳。

QUIZ 謎題

Q. 下列何者為實際存在的生物？
① 海膽蟹
② 荊蟹
③ 針山蟹

答案在下一頁

人魚的原型？

皇帶魚

棲息深度

| 0 | 500 | 1000 | 1500 | 2000 | 2500 | 3000 (m) |

稀有度 ★☆☆☆☆

200m～1000m

1001m～1500m / 1501m～3000m / 3001m～

拿手絕活是直立游泳

答案 ②荊蟹 跟毬栗蟹一樣，有著滿是尖刺的蟹殼。

學名	Regalecus glesne	種族	月魚目皇帶魚科
棲息深度	200～1000公尺	棲息地	世界各地
體長	約2～11公尺	食物	蝦類、貝類、魚類

　　多脂銀鱈（Erilepis zonifer）、扁鯊（Squatina japonica）、松島透明獅子魚（Crystallichthys matsushimae）等，在這些「嗯？」名稱不明所以的深海生物當中，皇帶魚的日文名帶有神秘感。日文漢字寫成「龍宮使者」，龍宮就是浦島太郎前往的場所。

　　皇帶魚是有如細長帶子的扁平生物，背鰭呈現鮮豔的紅色，但死後會褪色消失。下顎下方細長的腹鰭，帶有搜尋獵物用的感覺器。

　　然後，據說皇帶魚是日本人魚傳說的原型。這可能是以前的人，將牠們頭上的鰭錯看成頭髮吧。

◀ COLUMN ▶

小知識

冠帶魚跟黃帶魚長得很像？

冠帶魚（Lophotus capellei）是形似皇帶魚的深海魚，因為體長比較短小，經常被誤認為是黃帶魚的幼魚。

QUIZ 謎題

Q. 過去發現最大的皇帶魚有多少公尺？
①7公尺　②9公尺
③11公尺

答案在下一頁

想吃到肚子撐

叉齒鱚

棲息深度

| 0 | 500 | 1000 | 1500 | 2000 | 2500 | 3000 (m) |

稀有度 ★★★☆☆

200m〜1000m / 1001m〜1500m / 1501m〜3000m / 3001m〜

一下子就吃進
比自己大上許多的獵物

大
中
小

詭異指數

答案 ③11公尺　發現過最大11公尺，重達272公斤的皇帶魚。

64

生物資料

學名	Chiasmodon niger	種族	鱸形目叉齒鱚科
棲息深度	數百～1000公尺	棲息地	世界各地
體長	約10～30公分	食物	魚類

陸地生物蟒蛇能夠吞下比自己大的獵物，有沒有在電視上看過牠們一肚子圓滾的模樣呢？

在深海的叉齒鱚，也是吞食大獵物的生物。叉齒鱚有著堅韌的胃，可將大獵物收納其中。牠們有時會吃得太撐，胃整個薄到能夠看見裡面的獵物。

在食物稀少的深海中，不曉得下次什麼時候才能進食。叉齒鱚會將食物強硬塞進胃中，好讓自己暫時不必尋覓獵物。

COLUMN 小知識

整個吞下獵物的深海魚

蛇形巨口魚（Stomias boa）也是整個吞下獵物的生物，平時身材像直尺一樣苗條，但進食後肚子就會凸出來。

QUIZ 謎題

Q. 叉齒鱚的牙齒特徵為何？

①朝向內側

②圓齒

③只有1顆牙齒

答案在下一頁

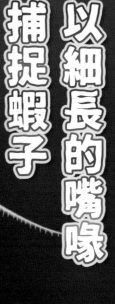

如繩線般的細長

線鰻

200m～1000m

1001m～1500m

1501m～3000m

3001m～

以細長的嘴喙
捕捉蝦子

答案　①**朝向內側**　大口張開的嘴巴內長有朝向內側的牙齒，一旦被咬著就難以掙脫。

學名	Nemichthys scolopaceus	種族	鰻鱺目線鰻科
棲息深度	300～1000公尺	棲息地	世界各地
體長	約1.4公尺	食物	蝦類

　　線鰻是身軀有如繩線細長的生物，愈往尾巴愈修長，最後會變得像絲線般細長。

　　然後，如同鳥喙般的長吻嘴部，也是線鰻的明顯特徵。「感覺非常礙事」、「怎麼會這麼細長？」讓人不由得如此覺得的嘴中，長滿密密麻麻的細齒，剛好適合用來勾住蝦子的觸角。

　　順便一提，線鰻的肛門鄰近胸鰭的下方。雖說「身體有如繩線般細長」，但其實大部分都是尾巴。為什麼會演化成這樣的身體呢？仍舊是謎團重重。

◀ C O L U M N ▶

小知識

線鰻是鰻魚的同伴

歸屬鰻鱺目的線鰻，跟在日本常吃的日本鰻為同類。日本鰻被養育於河川、淺海，在關島附近的深海產卵。

QUIZ 謎題

Q. 線鰻（シギウナギ）日文名稱中的「シギ」是什麼？
①植物的名稱
②道具的名稱
③鳥類的名稱

答案在下一頁

KEEP OUT　KEEP OUT

大家一起朝向那邊吧

大嘴海鞘

棲息深度

0　　500　　1000　　1500　　2000　　2500　　3000 (m)

稀有度 ★★★★★

200m～1000m

1001m～1500m

1501m～3000m

3001m～

張大嘴巴
等待獵物上門

超
特大
大
中
小

答案　③鳥類的名稱　鷸（シギ）是鷸形目鷸科的鳥類，擁有細長的鳥喙。

68

生物資料

學名	Megalodicopia hians	種族	腸生殖腺目大嘴海鞘科
棲息深度	300～1000公尺	棲息地	日本海沿岸、太平洋等
體長	約25公分	食物	小型浮游生物

　　生長於海底的巨大嘴巴。在擁有許多奇妙生物的深海中，大嘴海鞘的外貌也相當不可思議，看起來像在笑又像在唱歌。

　　大嘴海鞘會張開大嘴（入水口），等待浮游生物等食物流進來。當獵物上門就會閉起嘴巴，整個吞食下去。在海鞘當中為罕見的肉食性，漂來的蝦子也會直接吞進去。

　　在2000年調查富山灣時，世界首次發現大嘴海鞘的巨大群體。據說，當時大嘴海鞘們一致朝向獵物流過來的方向，大大張開嘴巴。

◀ C O L U M N ▶

小知識

可作為下酒菜的真海鞘

在海鞘家族中，可食用的真海鞘（Halocynthia roretzi）相當有名。外觀像是南國水果，生切片跟日本酒相當對味。

QUIZ 謎題

Q. 大嘴海鞘的英文「Predatory tunicate」是什麼意思？
①捕食的海鞘
②食量大的海鞘
③笑起來的海鞘

答案在下一頁

有著如水母般透明身體的章魚

水母鞘

棲息深度

| 0 | 500 | 1000 | 1500 | 2000 | 2500 | 3000 (m) |

稀有度 ★★★★★

200m～1000m

1001m～1500m

1501m～3000m

3001m～

生態也跟水母相似

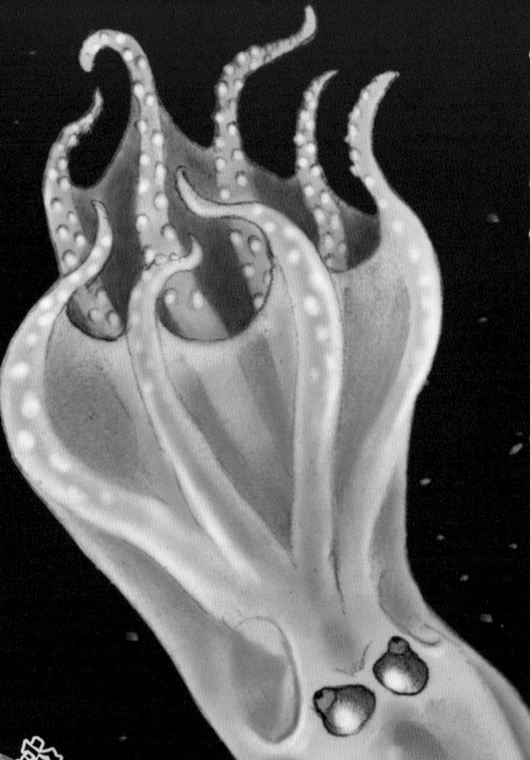

答案　① 捕食的海鞘　「predatory」意為捕食；「tunicate」意為海鞘。

學名	Amphitretus pelagicus	種族	八腕目水母蛸科
棲息深度	500～1000公尺	棲息地	太平洋
體長	約20公分	食物	蝦類、蟹類

　　像是章魚的水母？像是水母的章魚？雖然感覺兩者都對，但正確答案是後者。水母蛸是擁有果凍狀透明身體的稀有章魚，仔細觀察真的會發現有8隻腳。明顯的眼睛是跟水母最大的差異，紅色筒狀的眼睛能夠轉向背側，獲得廣泛範圍的視野。

　　除了外觀之外，水母蛸的動作與水母也很相似。為了節約能量，牠們會將腳朝上，像水母一樣漂游在海中。

　　更令人容易混淆的是，海中也有像是章魚的水母——「鞘水母（珍珠水母，Mastigias papua）」。雖然可能已經覺得無所謂了，但還是確實記起來吧。

◄ COLUMN ►

小知識

鞘水母是什麼樣的生物？

鞘水母是跟章魚一樣有8隻觸手（口腕）的水母。雖然名字跟水母蛸相似，但外觀完全不一樣，牠們也不待在深海，而是棲息於淺海。

QUIZ 謎題

Q. 下列何者為實際存在的生物？
①鞘蛇尾
②狸貓水母
③狐狸蟹

答案在下一頁

久違 17 年撈起的稀有深海魚

帆鰭魴

棲息深度

| 0 | 500 | 1000 | 1500 | 2000 | 2500 | 3000 (m) |

稀有度 ★★★★★

200m～1000m

1001m～1500m

1501m～3000m

3001m～

自滿的
折疊式魚鰭

72

生物資料

學名	Pteraclis aesticola	種族	鱸形目烏魴科
棲息深度	0～200公尺	棲息地	北太平洋等
體長	約40公分	食物	不明

　　2014年，在富山灣活捉到帆鰭魴，一時蔚為話題。帆鰭魴是全國發現案例鮮少的稀有深海魚，在日本撈起個體其實隔了17年之久。如同在電視上看到的帆鰭魴姿態，偌大的背鰭和胸鰭讓人不由得想問：「航向那個方向可以嗎？」縱向展開魚鰭可讓身體看起來巨大，以便保護自己。

　　然而，這個魚鰭體積過大，會妨礙游泳。因此，帆鰭魴平時會將魚鰭收闔於背部、腹部的溝槽中，過著沒有什麼特徵的生活。

◀ C O L U M N ▶

小知識

背鰭與臀鰭發達的多棘烏魴

多棘烏魴（Pterycombus petersii）也有著發達的背鰭與臀鰭，雖然沒辦法像帆鰭魴張得那麼開，但魚鰭還是可讓身體看起來比較大。

QUIZ 謎題

Q. 帆鰭魴（ベンテンウオ）日文名稱中的「ベンテン」是指什麼？
①發現人的名字
②七福神的弁財天
③福島縣的弁天市

答案在下一頁

KEEP OUT　KEEP OUT

非常～～～長的水母

不定帕臘管水母

棲息深度

0	500	1000	1500	2000	2500	3000 (m)

稀有度 ★★★☆☆

200m～1000m

1001m～1500m

1501m～3000m

3001m～

體長超過40公尺的世界最長動物

特大
大
中
小

答案 ②七福神的弁財天　圓腹魚（布袋魚）等，許多深海魚皆以七福神來命名。

74

學名	Praya dubia	種族	管水母目帕臘水母科
棲息深度	表層～1000公尺	棲息地	太平洋、大西洋、印度洋等
體長	約40公尺	食物	浮游生物

　　深海裡，存在身體異常長的水母。堪稱世界最長的動物不定帕臘管水母，全長超過40公尺，就連世界最大的動物藍鯨（最大約34公尺）也相形遜色。

　　水母給人在海中悠悠漂游的意象，但不定帕臘管水母卻擅長游泳。靠著快速振動兩個泳鐘體（nectophore），產生作用力向前游動。

　　腹部沒有東西時會發出綠色的光芒，吸引食物浮游生物接近，再以透明的長觸手進行捕食。

◄ C O L U M N ►

小知識

管水母形成的「群體」是什麼？

管水母的物種具有集結成群的特徵，由一個受精卵產生具有進食、游泳、攻擊等不同機能的個體，再由多數異形個體集成一個生物。

QUIZ 謎題

Q. 下列何者被稱為世界最大的魚類？
①鯨鯊（Rhincodon typus）
②翻車魨（Mola mola）
③巨骨舌魚（Arapaima gigas）

答案在下一頁

窮盡一生的求婚

密棘鮟鱇

棲息深度

| 0 | 500 | 1000 | 1500 | 2000 | 2500 | 3000 (m) |

稀有度 ★★★☆☆

200m〜1000m

1001m〜1500m

1501m〜3000m

3001m〜

咬住雌魚一體化!?

超

深海惡魔

特大
大
中
小

答案　①鯨鯊　魚類中，最長約有13公尺的鯨鯊是最大的物種。

生物資料

學名	Ceratias holboell	種族	鮟鱇目角鮟鱇科
棲息深度	200～700公尺	棲息地	世界各地
體長	約120公分（雌魚）	食物	不明

　　密棘鮟鱇的雌魚會成長約至120公分，但雄魚卻僅有10公分左右。那麼，這樣的雌雄個體該怎麼繁衍後代呢？

　　當密棘鮟鱇的雄魚發現雌魚時，會突然咬住雌魚的腹部。若是在人類的世界，馬上會被抓去警察局，但這是密棘鮟鱇的求婚方式。

　　然後，更令人驚訝的是，雄魚會就這樣跟雌魚融為一體，腦部退化、內臟消失，僅留下生殖機能。當雌魚發出訊號後，雄魚便會釋出精子，完成繁殖的功用。在雌雄個體難以相遇的黑暗深海，密棘鮟鱇雄魚為了不錯失少有的機會，才會如此拚命地留下子孫。

◄ COLUMN ►

與雌魚一體化的隱棘鮟鱇

小知識

隱棘鮟鱇（Cryptopsaras couesii）的雄魚，也會過上跟密棘鮟鱇雄魚類似的一生。這類遠小於雌體的雄性個體，稱為「矮雄（dwarf male）」

QUIZ 謎題

Q. 密棘鮟鱇（ビワアンコウ）日文名稱「ビワ」的由來為何？

①樂器　②水果　③湖泊

答案在下一頁

明明是魚卻不擅長游泳

貢氏深海狗母魚

棲息深度

0　　500　　1000　　1500　　2000　　2500　　3000 (m)

稀有度 ★★★☆☆

200m〜1000m

1001m〜1500m

1501m〜3000m

3001m〜

靠著腹鰭
與尾鰭
站立於海底

詭異指數

中
小

答案　①樂器　因形似樂器琵琶才如此取名。順便一提，水果的枇杷、琵琶湖也是因相同的理由而得名。

78

學名	Bathypterois guentheri	種族	仙女魚目爐眼魚科
棲息深度	500～1000公尺	棲息地	太平洋、印度洋
體長	約25公分	食物	小型浮游生物

　　大家熟知的鮪魚需要藉由游泳來呼吸存活，牠們一生必須不斷游泳，不能睡上一覺。

　　貢氏深海狗母魚是，跟如此辛苦的鮪魚完全相反的生物，牠們非但放棄游泳，還用腹鰭與尾鰭站立在海底。牠們在捕捉獵物時依然不游泳，而是使用左右7對的胸鰭。雖然給人相當懶惰的印象，但在需要節省耗能的深海，這也是一種生存方式。不過，站是站著了，但卻站得不太穩定，不擅長待在水流湍急的場所。

◀ COLUMN ▶ 小知識

其他也會站立的魚

短頭深海狗母魚（Bathypterois grallator）也是會站立於海底的魚類，跟貢氏深海狗母魚同樣以胸鰭與尾鰭站立，但短頭深海狗母魚的魚鰭較長，最大可長達1公尺。

QUIZ 謎題

Q. 貢氏深海狗母魚的別名為何？
①梯子魚　　②三腳魚
③樹樁魚

答案在下一頁

食骨蠕蟲

棲息深度

| 0 | 500 | 1000 | 1500 | 2000 | 2500 | 3000 (m) |

稀有度 ★★★☆☆

200m〜1000m ／ 1001m〜1500m ／ 1501m〜3000m ／ 3001m〜

吸食骨頭裡的養分

詭異程度

中
小

答案　②三腳魚　站立的姿態形似相機等的三腳架而得名。

生物資料

學名	Osedax japonicus	種族	纓鰓蟲目西伯加蟲科
棲息深度	200～250公尺	棲息地	鹿兒島縣海岸
體長	約9毫米（雌蟲）	食物	鯨骨

　　大型鯨魚的死骸不久便會沉入深海，成為許多生物的佳餚。鯨肉、內臟不用說，就連鯨骨也完全沒有浪費。

　　食骨蠕蟲是在鯨魚死骸中發現的沙蠶同伴，日文漢字寫成「食骨花蟲」，宛若花朵般扎根於鯨骨，吸取骨頭裡的養分來存活。因此，牠們沒有嘴巴、消化器、肛門。

　　從骨頭冒出來的部分是牠們的鰓。雖然可由骨頭獲得養分，但卻難在骨頭裡呼吸。順便一提，像牠們聚集於鯨魚死骸的生物群集，稱為「鯨落（whale fall）」。

◄ COLUMN ►

非常小隻的雄性食骨蠕蟲

小知識

雌蟲本身就很小，但食骨蠕蟲的雄蟲更加小隻，小到需要用到顯微鏡才能確認。

QUIZ 謎題

Q. 鯨魚的骨頭能夠在深海殘留多久？
①1年
②5年
③10年以上

答案在下一頁

宛若金平糖

大西洋仙海魴

棲息深度

| 0 | 500 | 1000 | 1500 | 2000 | 2500 | 3000 (m) |

稀有度 ★★★★★

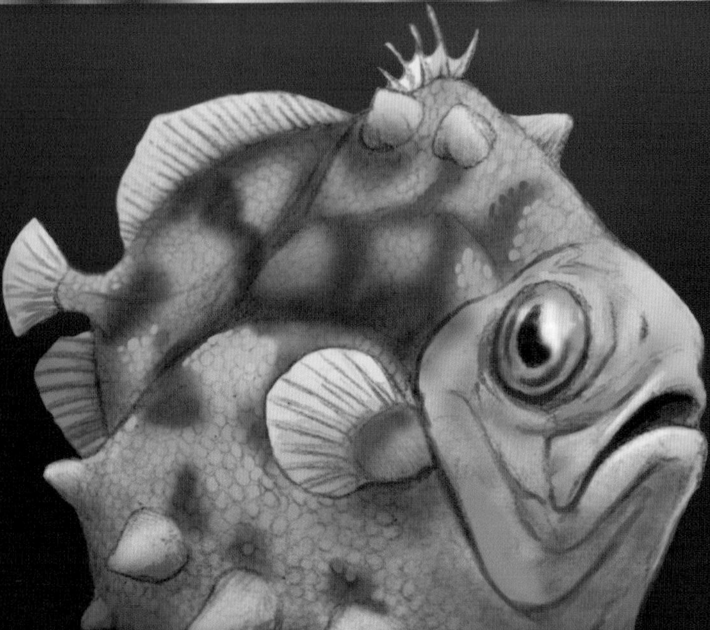

200m～1000m ／ 1001m～1500m ／ 1501m～3000m ／ 3001m～

僅有幼魚才會針針刺刺的

中小

答案　③10年以上　學者推測鯨魚的骨頭能夠在深海殘留數十年～一百年。

學名	Oreosoma atlanticum	種族	海魴目仙海魴科

棲息深度	600～820公尺	棲息地	南非海岸、澳洲海岸等

體長	約20公分	食物	不明

　　生物的日文名稱大多取自其外觀，因形似毬栗而稱為毬栗蟹；因眼睛像望遠鏡而稱為望遠鏡魚（Gigantura chuni）等，非常容易理解也方便記憶。大西洋仙海魴（針針刺刺魚）的日文名稱也是取自外觀，如同其名身體遍布針針刺刺。

　　牠們腹部與背上的針刺（瘤），全部加總起來超過20個。目前仍就不清楚為何會長成尖刺，但推測可能是為了保護自己吧。

　　然而，這些尖刺在長為成魚後就會消失，變成僅有名字莫名引人注目，自身卻沒有什麼特徵的魚。

◀ C O L U M N ▶

小知識

大眼的仙海魴科

大西洋仙海魴也有著大眼的特徵，牠們所屬的仙海魴科物種，幾乎都棲息於深海，有著大大的眼睛。

謎題

Q. 下列何者為實際存在的生物？
①光亮饅頭蟹
②光滑饅頭蟹
③滑溜饅頭蟹

答案在下一頁

隱巧戎

棲息深度

0　500　1000　1500　2000　2500　3000 (m)

稀有度 ★★★☆☆

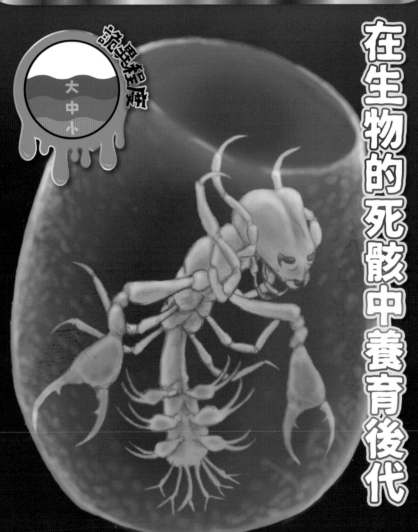

在生物的死骸中養育後代

答案　❸滑溜饅頭蟹　即花紋愛潔蟹（Atergatis floridus）。如同其名蟹殼滑溜，本身帶有毒性。

生物資料

學名	Phronima sedentaria	種族	端足目巧戎科
棲息深度	0〜數百公尺	棲息地	世界各地
體長	約3公分	食物	樽海鞘

走在街上，應該都曾看過母親推著嬰兒車的身影吧。真的是令人莞爾、和平的情景。

在深海，也有推著嬰兒車的生物——隱巧戎。然而，其模樣一點都不令人莞爾，牠們推的嬰兒車是樽海鞘（Salp）的透明死骸。

隱巧戎會挖空吃掉樽海鞘內的東西，留下外側的殼進一步利用。牠們會鑽進去來保護自己，或者在裡面產卵。然後，在養育後代時，牠們會跑到外面，像推嬰兒車一樣移動。

◄ C O L U M N ►

小知識

樽海鞘是什麼樣的生物？

樽海鞘跟隱巧戎同樣是尾索動物，有著透明的身體，以浮游生物為食。個體間相互連結，形成一個較大的樽海鞘。

QUIZ 謎題

Q. 殘留的樽海鞘殼最後會如何？

① 被丟棄
② 被幼體吃掉
③ 被母體吃掉

答案在下一頁

KEEP OUT　KEEP OUT

能夠活到 400 歲的鯊魚

小頭睡鯊

棲息深度

| 0 | 500 | 1000 | 1500 | 2000 | 2500 | 3000 (m) |

稀有度 ★★★★★

200m～1000m

1001m～1500m

1501m～3000m

3001m～

長生的秘訣
在於慢活

超
特大
大
中
小

答案　③ 被幼體吃掉　幼體會將殘留的樽海鞘吃掉成長，是完全不浪費獵物的環保生物。

生物資料

學名	Somniosus microcephalus	種族	角鯊目睡鯊科
棲息深度	200~600公尺	棲息地	大西洋北部、北極海
體長	約7公尺	食物	魚類、烏賊類、蟹類

　　小頭睡鯊不僅是「世界第一遲鈍的鯊魚」，還是被稱為「世界第一遲鈍的魚」的鯊魚。牠們的泳速平均時速竟然只約為1公里，這比小學生的走路速度還要慢。

　　小頭睡鯊棲息於北極海等低水溫的海域。游泳速度慢，可能是冰冷的海水讓肌肉運動遲緩的關係。

　　然後，小頭睡鯊是相當長壽的生物，學者推估大型個體可活超過400年以上。人類、鯊魚長生的秘訣，可能都是緩慢放鬆的生活吧。

◀ COLUMN ▶ **小知識**

捕食海豹的小頭睡鯊

在小頭睡鯊的胃部曾經發現有海豹。就游泳的速度來說，肯定追不上才對，應該是趁海豹睡覺時捕食的吧。

QUIZ 謎題

Q. 小頭睡鯊的另一項特徵為何？

① 帶有毒性

② 能夠像飛魚一樣飛起來

③ 在陸地上也能夠存活

答案在92頁

要吃看看嗎？

深海生物可食用嗎？

　　日本人喜歡吃海鮮，壽司、生魚片、烤魚……等等，日本的飲食生活跟海鮮息息相關。然後，在日本人食用的海鮮當中，有些是來自漆黑冰冷的深海。

　　金眼鯛就是具有代表性的例子。金眼鯛棲息於水深100～800公尺的海域，成魚大多在水深200公尺以下的深海生活。金眼鯛的燉煮料理與生魚片都很受歡迎，僅靠國產漁獲量會供應不足，需要仰賴海外進口。

　　棲息於表層～水深560公尺的黃鮟鱇魚，是一種著名的高級食材。冬季美味的鮟鱇鍋，就是以黃鮟鱇魚為食材，肉質鮮嫩，帶有由外觀難以想像的優雅風味。另外，除了魚肉之外，鮟鱇魚肝、胃、鰓等都很美味，以「全身上下都可食用的魚」而聞名。

　　蝦子家族中，櫻花蝦、甜蝦也是棲息於深海的物種。甜蝦的正式名稱為北國紅蝦（Pandalus eous），年幼時會是雄蝦，到了5歲左右會性轉變為雌蝦。壽司、生切片會使用個體較大的雌蝦，雄蝦則會作為蝦餅等的材料。

◀扁面鮹。
棲息深度為
200～1060公尺。

餐桌上常見的金眼鯛、櫻花蝦，其實是生活於深海的生物！

照片／Shutterstock

　　然而，這些是比較罕見的例子，大部分的深海生物都不適合食用。尤其是棲息於水深較深的深海魚，為了承受極高的水壓，身體會充滿水分，肉質稀爛不適合食用。

200m～1000m

1001m～1500m

1501m～3000m

3001m～

精選 之1
穴口奇棘魚
▶▶▶ P.94

精選 之2
鞭冠鮟鱇
▶▶▶ P.114

精選 之3
棕斑盲鼬鳚
▶▶▶ P.102

UPPER BATHYPELAGIC

第2章
上部深水層

1001M - 1500M

水深1001公尺～3000公尺的部分稱
為深水層，進一步細分的話，1001公
尺～1500公尺為上部深水層。在這個
水層，有著鯊魚家族中受歡迎的皺鰓
鯊，以及著名深海魚之一的鞭冠鮟鱇
喔！

存活至今的古代鯊魚

皺鰓鯊

棲息深度

| 0 | 500 | 1000 | 1500 | 2000 | 2500 | 3000 (m) |

稀有度 ★★★★★

200m～1000m

1001m～1500m

1501m～3000m

3001m～

別名擬鰻鮫！

詭異程度

中
小

答案　①帶有毒性　**帶有毒性**　魚肉帶有毒性：大白鯊不會襲擊牠們可能就是這個原因。

學名	Chlamydoselachus anguineus	種族	六鰓鯊目皺鰓鯊科
棲息深度	120～1500公尺	棲息地	世界各地
體長	約2公尺	食物	烏賊類

　　皺鰓鯊是一種歸屬於六鰓鯊目的鯊魚，但外觀卻像鰻魚一樣細長，跟其他鯊魚相去甚遠。另外，大部分的鯊魚擁有左右5對魚鰓，但皺鰓鯊卻長有6對，三叉型牙齒也極具特色。

　　其實，皺鰓鯊是在恐龍時代便已存在的古代鯊魚，姿態從當時就幾乎沒有改變。在3億5900年前結束的泥盆紀地層中，也有發現酷似鯊魚的化石。

　　順便一提，皺鰓鯊日文名稱的漢字為「羅 」，由 （鯊魚）的觸感近似羅紗這種毛織品而得名。

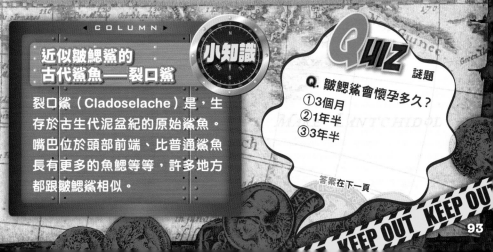

◀ C O L U M N ▶

小知識

近似皺鰓鯊的古代鯊魚──裂口鯊

裂口鯊（Cladoselache）是，生存於古生代泥盆紀的原始鯊魚。嘴巴位於頭部前端、比普通鯊魚長有更多的魚鰓等等，許多地方都跟皺鰓鯊相似。

QUIZ 謎題

Q. 皺鰓鯊會懷孕多久？
①3個月
②1年半
③3年半

答案在下一頁

長得真是碩長

穴口奇棘魚

棲息深度

| 0 | 500 | 1000 | 1500 | 2000 | 2500 | 3000 (m) |

稀有度 ★★★☆☆

200m~1000m

1001m~1500m

1501m~3000m

3001m~

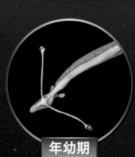

年幼期

幼體與成體的姿態不同

超

詭異遊戲

特大
大
中
小

學名	Idiacanthus antrostomus	種族	巨口魚目巨口魚科
棲息深度	400～1500公尺	棲息地	北太平洋
體長	約50公分（雌魚）	食物	魚類

　　漆黑的身軀、危險的眼神，張大嘴中長滿整排的尖銳牙齒，一看就知道攻擊力很高。在歐美稱為「Black Dragon Fish」，這個別名也相當酷。鬍鬚前端帶有發光器，可引誘獵物聚集過來。

　　雖然穴口奇棘魚長得凶神惡煞，但在小時候卻像是豆芽菜漂浮在海中。2顆眼睛離細長的身體非常遠，遠到讓人擔心會不會就這樣脫落。

　　因為穴口奇棘魚的姿態過於迥異，過去曾經認為成魚與幼魚是不同的物種。試著比較兩者的外觀，會如此誤認也是沒辦法的事情吧。

◀ C O L U M N ▶

鰻魚成體與幼體的姿態也不一樣

小知識

常見的鰻魚、星鰻在年幼時期，呈現如細長葉子般的透明姿態。這樣的狀態稱為「柳葉魚期（Leptocephalus）」。

QUIZ 謎題

Q. 穴口奇棘魚的雄魚體長有幾公分？
①10公分　②30公分
③70公分

答案在下一頁

巨海螢

棲息深度

| 0 | 500 | 1000 | 1500 | 2000 | 2500 | 3000 (m) |

稀有度 ★★★★★

能夠捕捉所有光線！

200m～1000m
1001m～1500m
1501m～3000m
3001m～

答案　①10公分　不僅只幼體跟成體，穴口奇棘魚的雄體與雌體也姿態迥異。

學名	Gigantocypris agassizii	種族	麗足目海螢科
棲息深度	數百～一千數百公尺	棲息地	南極海
體長	約3公分	食物	浮游生物

　　巨海螢的「巨」意為「巨人」，雖然最大的個體僅約為3公分，但在牠們所屬的分類物種中，大部分只有數毫米左右，相較之下為霸王級的巨大。

　　巨海螢的最大特徵是，宛若乒乓球的殼中有著大大的眼睛。這雙眼睛聚光的能力驚為天人，性能高到獲得金氏世界紀錄。牠們有著獲得金氏紀錄肯定，聚光能力世界第一的眼睛。

　　然後，當巨海螢發現獵物時，會像划船般擺動腳部，游泳前進。

◀ C O L U M N ▶

小知識

巨海螢意想不到的弱點

巨海螢的眼睛因性能過高而畏懼強光，當捕捉到橈足類的長腹水蚤（Gaussia princeps）釋出的光，會陷入混亂狀態，像喝醉般亂動起來。

QUIZ 謎題

Q. 巨海螢會將卵藏在哪裡？

①海底的岩石陰影
②自己的殼中
③水母的身體裡

答案在下一頁

KEEP OUT　KEEP OUT

能夠捕捉電流的「哥布林鯊魚」

歐氏尖吻鯊

棲息深度

| 0 | 500 | 1000 | 1500 | 2000 | 2500 | 3000 (m) |

稀有度 ★★★★☆

牙齦整個凸出來
下顎也會飛出來

200m～1000m

1001m～1500m

1501m～3000m

3001m～

特大
大
中
小

學名	Mitsukurina owstoni	種族	鼠鯊目尖吻鯊科
棲息深度	400～1300公尺	棲息地	太平洋、印度洋等
體長	約5公尺	食物	魚類、蝦類、蟹類等

　　正面有大大凸出的牙齦，和襲擊獵物時會飛出的下顎。在歐美，歐氏尖吻鯊又被稱為「哥布林鯊魚（惡魔的鯊魚）」。

　　跟象鯊一樣，歐氏尖吻鯊的嘴吻下方也能感受電流，藉由捕捉獵物釋放出來的電流來狩獵。

　　過去，設置於海底的電纜曾經斷裂，引起故障事故。調查電纜後發現，上頭有著歐氏尖吻鯊的牙齒，可能是牠們捕捉到電纜的電流，誤以為是獵物「啊嗚！」地咬下去吧。

◀ COLUMN ▶

小知識

日文名稱冠有「箕作」的生物們

歐氏尖吻鯊（箕作鯊）的「箕作」，是取自明治時代動物學者的箕作佳吉。除此之外，箕作蝦（Pandalopsis pacifica）等生物也冠上了箕作老師的名字。

QUIZ 謎題

Q. 歐氏尖吻鯊的飼養期間世界紀錄是？

①16天
②354天
③1287天

答案在下一頁

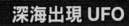

深海出現 UFO

礁環冠水母

棲息深度

0　　500　　1000　　1500　　2000　　2500　　3000 (m)

稀有度 ★★★★★

200m～1000m
1001m～1500m
1501m～3000m
3001m～

會發光是有其理由的

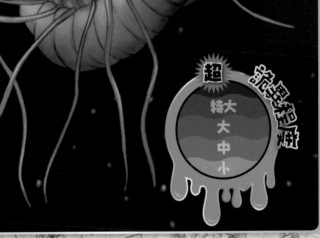

超 詭異程度
特大
大
中
小

學名	Atolla wyvillei	種族	冠水母目領狀水母科

棲息深度	500～1500公尺	棲息地	日本海、地中海、北極海以外的世界各地海洋

體長	約15公分	食物	浮游生物

　　深海與宇宙存在幾個共通點：難以前往、謎團重重、存在UFO等。礁環冠水母怎麼看都覺得是出現在深海的UFO。

　　礁環冠水母發光的理由也偏離常理。雖然也有其他遭遇敵人發光的生物，但大多是用亮光來使敵人目眩、受到驚嚇，藉此趁機逃跑。

　　然而，礁環冠水母發光的目的不是要嚇走敵人，而是要引誘大型捕食者接近，讓該捕食者幫牠們吃掉敵人。雖然不曉得在廣闊的海底有多少效果，但這點子真是教人佩服。

◀ C O L U M N ▶

小知識

深海生物大多都會發光

大部分的深海生物都會發光。除了礁環冠水母的特殊例子，基本上發光是為了吸引獵物、使敵人目眩、尋覓配偶等等。

QUIZ 謎題

Q. 水母的日文漢字怎麼寫？
①海花
②海紅
③海月

答案在下一頁

KEEP OUT　KEEP OUT

沒有眼睛也不感到困擾

棕斑盲鼬鳚

棲息深度

| 0 | 500 | 1000 | 1500 | 2000 | 2500 | 3000 (m) |

稀有度 ★★★★☆

靠著嗅覺
與水流
來尋覓獵物

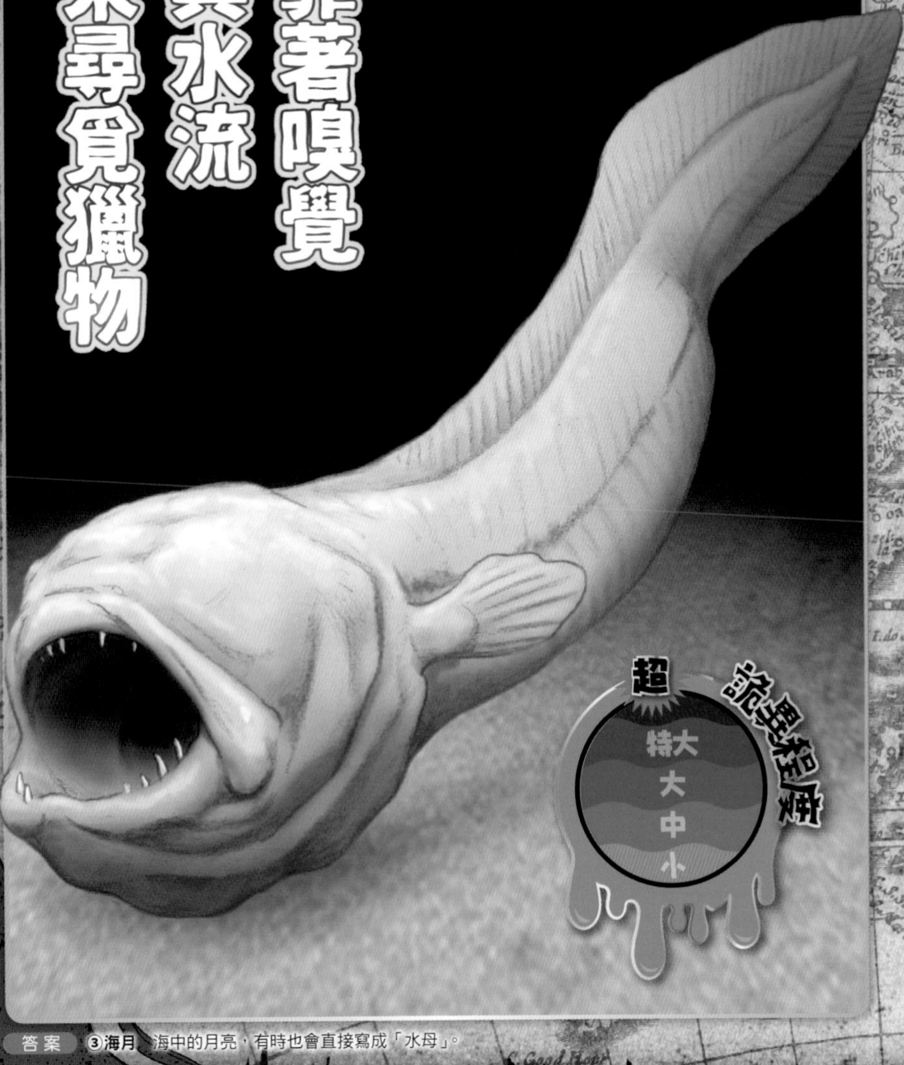

200m～1000m

1001m～1500m

1501m～3000m

3001m～

超 詭異程度

特大
大
中
小

答案 ❸海月 海中的月亮，有時也會直接寫成「水母」。

學名	Barathronus maculatus	種族	鼬䲁目膠胎䲁科
棲息深度	400～1500公尺	棲息地	南日本海岸、南非等
體長	約18公分	食物	不明

　　棕斑盲鼬䲁最大的特徵是，眼睛退化藏於皮膚下方，有些個體甚至完全沒有眼睛。

　　然而，棕斑盲鼬䲁棲息於陽光完全到達不了的水深1000公尺附近，對牠們來說，可能會覺得：「反正都是烏黑一片，沒有眼睛也沒什麼差別啊。」相對地，牠們有著感測水流振動的側腺與優秀的嗅覺，用來尋覓獵物。

　　棕斑盲鼬䲁也有棲息於日本近海，但就全世界來看，發現案例仍舊鮮少。牠們是非常罕見的深海魚。

◀ COLUMN ▶

小知識

小眼的膠胎䲁科的同伴

棕斑盲鼬䲁為膠胎䲁科的魚類，該分類有多達20種的同伴，但果然眼睛都非常小。

QUIZ 謎題

Q. 棕斑盲鼬䲁摸起來感覺如何？

①彈QQ

②乾巴巴

③硬邦邦

答案在下一頁

KEEP OUT

深海的偶像章魚

扁面鞘

棲息深度

| 0 | 500 | 1000 | 1500 | 2000 | 2500 | 3000 (m) |

稀有度 ★★★★★

深海才有的
省能生活

猜猜我是誰

200m～1000m

1001m～1500m

1501m～3000m

3001m～

答案 ①彈QQ 棕斑盲鼬鳚的身體為半透明，柔軟Q彈。

學名	Opisthoteuthis depressa	種族	八腕目面蛸科
棲息深度	200～1060公尺	棲息地	相模灣～九州近海
體長	約20公分（全幅）	食物	甲殼類

　　扁面鞘柔軟的外觀，宛若深海偶像般的存在，受到愛戴。眼睛上方的耳狀部分是鰭，用來改變方向。

　　扁面鞘不像其他章魚能夠吐墨、高速游泳、靈巧活動觸手。然而，在缺少食物轉為能量的深海，這樣的省能生活反而剛剛好。

　　另外，身體非常柔軟也是其特徵，撈出水面後會整個塌掉。扁面鞘現在才有如此可愛、受到歡迎，在水中攝影技術尚未發達前，圖鑑多是刊載如史萊姆般的怪誕姿態。

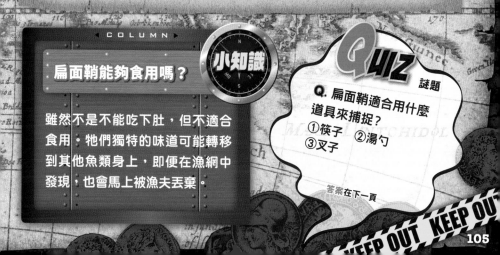

◀ COLUMN ▶

小知識

扁面鞘能夠食用嗎？

雖然不是不能吃下肚，但不適合食用。牠們獨特的味道可能轉移到其他魚類身上，即便在漁網中發現，也會馬上被漁夫丟棄。

QUIZ 謎題

Q. 扁面鞘適合用什麼道具來捕捉？
①筷子　②湯勺
③叉子

答案在下一頁

長腹水蚤

棲息深度

| 0 | 500 | 1000 | 1500 | 2000 | 2500 | 3000 (m) |

稀有度 ★☆☆☆☆

200m～1000m

1001m～1500m

1501m～3000m

3001m～

發射的體液 在2秒鐘後爆發

詭異程度

答案 ②湯勺　身體非常柔軟，捕捉調查時，會使用類似湯勺的道具。

學名	Gaussia princeps	種族	哲水蚤目長腹水蚤科
棲息深度	1000公尺附近	棲息地	世界各地
體長	約12毫米	食物	動物性浮游生物

　　長腹水蚤是，棲息於水深1000公尺附近的小型浮游生物，體長僅約12毫米，沒有什麼攻擊能力。

　　這樣的長腹水蚤卻有超一流的防禦能力，當即將被敵人襲擊時，身體會像雷射一樣發射藍光液體。光是這點就有如科幻電影般帥氣，但壓軸好戲還在後頭。

　　發射出去的雷射，約2秒鐘後會像煙火一樣爆發。在漆黑中突然看見強光，敵人當然就會陷入混亂，長腹水蚤再藉此趁機逃跑。

◀ C O L U M N ▶

體液發光有時間差的理由

長腹水蚤的體液會與海中的鈉離子反應發光，但剛發射的液體速度過快，不容易產生化學反應。

Q. 種小名「princeps」是什麼意思？
①傭人
②保鑣
③領導人

答案在下一頁

EEP OUT　KEEP OUT

長吻帆蜥魚

棲息深度

| 0 | 500 | 1000 | 1500 | 2000 | 2500 | 3000 (m) |

稀有度 ★★★☆☆

眼前東西什麼都吃下去！

200m～1000m

1001m～1500m

1501m～3000m

3001m～

大
中
小

學名	Alepisaurus ferox	種族	仙女魚目帆蜥魚科
棲息深度	900～1400公尺	棲息地	太平洋、東海等
體長	約1～2公尺	食物	什麼都吃

　　深海生物給人不怎麼容易遇到的印象，但長吻帆蜥魚卻是相對常見的存在。在晚上的海邊，發現牠們被打上岸也不稀奇。不過，如同其日文名稱（水魚），全身大多由水構成，不適合食用。

　　長吻帆蜥魚什麼東西都吃，只要是能吃進嘴裡大小的食物，不管是烏賊還是水母通通吞下肚，有時還會同類相殘。據說，在調查長吻帆蜥魚時，平均可在胃部發現20種生物。

　　然後，長吻帆蜥魚的胃部也常發現塑膠袋、塑膠製品。由什麼都吞下肚的長吻帆蜥魚，就可以知道海洋被污染得多麼嚴重。

◀ COLUMN ▶

小知識

在長吻帆蜥魚胃中發現的烏賊

在長吻帆蜥魚的胃部，經常可以發現完整的魚、烏賊，其中還有首次在帆蜥魚胃中發現的櫛鰭魷（水魚櫛鰭烏賊，Chtenopteryx sepioloidea）。

QUIZ 謎題

Q. 下列何者為真實存在的生物？
①假水魚
②偽水魚
③驚悚水魚

答案在下一頁

KEEP OUT　KEEP OUT

可愛的耳朵是魅力所在

煙灰鞘

棲息深度

| 0 | 500 | 1000 | 1500 | 2000 | 2500 | 3000 (m) |

稀有度 ★★★☆☆

200m～1000m

1001m～1500m

1501m～3000m

3001m～

別名「小飛象章魚」

學名	Grimpoteuthis hippocrepium	種族	八腕目面蛸科
棲息深度	500～1380公尺	棲息地	東太平洋等
體長	約10公分	食物	蝦類、蟹類

　　煙灰鞘跟扁面鞘一樣屬於八腕目面蛸科的同伴。看起來像是耳朵的鰭，比扁面鞘大上許多，因這樣的外觀又稱為「小飛象章魚（Dumbo Octopus）」。

　　煙灰鞘是以擺動鰭的方式在海中游動，那宛若拍打耳朵飛行的姿態，真的就像是迪士尼動畫中的小飛象。

　　煙灰鞘的觸手將近一半以膜連接，若說幽靈鞘是穿裙子的話，那煙灰鞘就是穿迷你裙。幽靈鞘利用這個膜產生推進力，或者翻過來保護自己。

◀ COLUMN ▶

小知識

也有會發光的煙灰鞘

同為面蛸科的發光煙灰鞘（Stauroteuthis syrtensis），如同其名帶有發光器。在章魚家族中，具有發光器的物種就只有發光煙灰鞘而已。

QUIZ 謎題

Q. 下列哪種生物被說像是米奇老鼠？
① 坊主烏賊
② 玻璃章魚
③ 釣鮟鱇魚

答案在下一頁

集惡魔與鬼怪於一身

燈籠樹鬚魚

棲息深度

0　500　1000　1500　2000　2500　3000 (m)

稀有度 ★★★★☆

200m～1000m

1001m～1500m

1501m～3000m

3001m～

帶有2個發光器官的鮟鱇魚

分佈範圍

大中小

答案　①坊主烏賊（Rossia pacifica）　身體兩側長有耳狀大鰭，形似米奇老鼠。

生物資料

學名	Linophryne lucifer	**種族**	鮟鱇目樹鬚魚科
棲息深度	1000公尺以下	**棲息地**	不明
體長	約20公分	**食物**	不明

　　深海存在許多帶有恐怖日文名稱的生物，這個燈籠樹鬚魚（惡魔鬼鮟鱇）就是最佳的例子，單一名稱就含有「鬼」與「惡魔」。雖然名字顯得凶煞，但體長意外小隻僅有20公分。

　　燈籠樹鬚魚果然外觀相當可怕，漆黑的身體、尖銳的獠牙，除了鼻端之外，綿長顎鬚的前端也長有如雙葉片般的發光器。

　　不過，僅有雌魚為這樣的外觀，雄魚跟密棘鮟鱇一樣遠小於雌魚，會咬住雌魚一體化來繁衍後代。

◀ C O L U M N ▶

小知識

就連「魚君」也不曉得燈籠樹鬚魚

燈籠樹鬚魚曾因有著綽號「魚君」的魚類學家宮澤正，不曉得有這種深海魚而蔚為話題。深海有許多剛發現不久，尚未刊載於圖鑑上的魚類。

QUIZ 謎題

Q. 下列何者不是實際存在的生物？

① 鬼沙蠶
② 鬼鰍
③ 鬼矢虫

答案在下一頁

KEEP OUT　KEEP OUT

這樣才像深海魚

鞭冠鮟鱇

棲息深度

稀有度 ★★★★★

| 0 | 500 | 1000 | 1500 | 2000 | 2500 | 3000 | (m) |

200m～1000m

1001m～1500m

1501m～3000m

3001m～

靠著發光釣竿
捕獲獵物

詭異絕妙

特大
大
中
小

答案　③鬼矢虫　鬼沙蠶（博比特蟲：Eunice　aphroditois）與鬼鮋（角杜父魚，Enophrys　diceraus）實際存在。

學名	Himantolophus groenlandicus	種族	鮟鱇目鞭冠鮟鱇科
棲息深度	600～1210公尺	棲息地	太平洋、大西洋
體長	約30公分（雌魚）	食物	魚類

　　鞭冠鮟鱇堪稱深海魚的代表，除了漆黑又毛骨悚然的外觀，捕獲獵物的方式也像極了深海魚。

　　頭頂上的釣竿狀附肢是由背鰭的針刺變化而來，稱為「吻觸手（illicium）」，其前端長有發光器，而這個發光器裡頭有著發光細菌。發光器的亮光，就是這些發光細菌發出的光。

　　鞭冠鮟鱇搖晃吻觸手，引誘獵物接近。棲息於深海的魚類，會誤以為搖晃的光是餌食。當獵物渾然不覺被騙而接近時，鞭冠鮟鱇就會張大嘴巴「啊唔！」

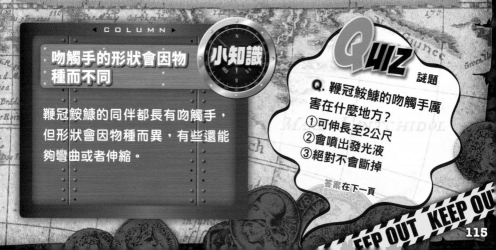

◀ C O L U M N ▶

小知識

吻觸手的形狀會因物種而不同

鞭冠鮟鱇的同伴都長有吻觸手，但形狀會因物種而異，有些還能夠彎曲或者伸縮。

QUIZ 謎題

Q. 鞭冠鮟鱇的吻觸手屬害在什麼地方？
①可伸長至2公尺
②會噴出發光液
③絕對不會斷掉

答案在下一頁

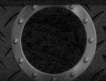

這身體是怎樣

卵頭鱈

棲息深度
0　500　1000　1500　2000　2500　3000　(m)

稀有度 ★★★☆☆

像鬼魂一樣游動

200m～1000m

1001m～1500m

1501m～2000m

2001m～3000m

3001m～

答案　②會噴出發光液　能夠剝奪獵物的視野。

116

學名	Macrouroides inflaticeps	種族	鱈形目長尾鱈科
棲息深度	1100～1400公尺	棲息地	日本近海、墨西哥灣
體長	約30公分	食物	不明

　　卵頭鱈是頭部膨大成氣球狀的深海魚。雖然外觀宛若蝌蚪，但跟超市販售的鱈魚同為鱈形目的物種。

　　卵頭鱈的胸鰭、背鰭較小，沒有尾鰭，簡單說就是不擅長游泳。牠們在深海漂游的模樣像極了鬼魂，所以日文名稱取為「バケダラ（妖怪鱈）」。

　　卵頭鱈屬於長尾鱈科，但並非所有長尾鱈科的物種都長成這種樣子。為什麼僅有卵頭鱈長得像妖怪一樣？目前仍舊不明，有些學者認為卵頭鱈是「進化上的失散者」。

COLUMN

不只有卵頭鱈，還有卵首鱈

小知識

卵首鱈是，鱈形目長尾鱈科擬長尾鱈亞科的魚種，親緣關係跟卵頭鱈非常接近，但卵首鱈沒有腹鰭。

QUIZ 謎題

Q. 下列何者不屬於鱈形目？

① 狹鱈
② 銀鱈
③ 條鱈

答案在下一頁

EP OUT　KEEP OUT

KEEP OUT KEEP OUT KEEP
KEEP OUT KEEP OUT KEEP

精選 之3
變色隱棘杜父魚
▶▶▶ P.148

精選 之2
大王具足蟲
▶▶▶ P.140

精選 之1
蝰魚
▶▶▶ P.122

200m～1000m

1001m～1500m

1501m～3000m

3001m～

LOWER BATHYPELAGIC

第3章
下部深水層

1501м - 3000м

比上部深水層還要深，1501公尺～
3000公尺的深水層稱為下部深水層。
此水層棲息著鯊魚家族、鯨魚家族等，
還有深海巨大鼠婦、大王具足蟲喔！

有如西方人的綠瞳孔

鎧鯊

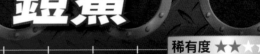

棲息深度

| 0 | 500 | 1000 | 1500 | 2000 | 2500 | 3000 (m) |

稀有度 ★★☆☆☆

200m～1000m / 1001m～1500m / 1501m～3000m / 3001m～

宛若鎧甲般
堅硬的皮膚

超 特大 大 中 小

答案　❷銀鱈　又稱裸蓋魚。外觀長得像鱈魚，但其實不是鱈魚。

學名	Dalatias licha	種族	鎧鯊目鎧鯊科
棲息深度	40～1800公尺	棲息地	世界各地
體長	約1.5公尺	食物	魚類、甲殼類

鎧鯊是有著水汪大眼的鯊魚物種，瞳孔呈現美麗的綠色，像極了西方人。

鎧鯊如同其名帶有宛若鎧甲堅硬的皮膚，偶爾會跟著海底拖網捕魚被撈起，輕忽碰觸的話，手指可能會斷掉，需要小心注意。

下顎並沒有很大，但咬合力道非常強大。下顎的牙齒較大，牠們會先用上顎齒咬住，再用下顎齒咬斷獵物的肉。魚、甲殼類、章魚、烏賊等什麼都吃，有時也會襲擊比自己大的生物。

◀ C O L U M N ▶

小知識

被指定為近危物種的鎧鯊

因為過去濫捕的關係，鎧鯊的族群數大幅銳減。雖然現在捕撈到會放生，但大部分在返回深海之前就會死亡。

QUIZ 謎題

Q. 鎧鯊的別稱為何？
① 哥吉拉鯊魚
② 卡美拉鯊魚
③ 摩斯拉鯊魚

答案在下一頁

有著尖長獠牙的深海匪徒

蝰魚

棲息深度

| 0 | 500 | 1000 | 1500 | 2000 | 2500 | 3000 (m) |

稀有度 ★★★☆☆

200m～1000m

1001m～1500m

1501m～3000m

3001m～

中
小

張大嘴巴吞進整隻獵物

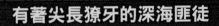

答案 ①哥吉拉鯊魚 因外觀酷似怪獸哥吉拉，又被稱為「哥吉拉鯊魚」。

學名 Chauliodus sloani		**種族** 巨口魚目巨口魚科	
棲息深度 500～2800公尺		**棲息地** 世界各地的熱帶、溫帶地區	
體長 最大35公分	**食物** 魚類		

　　蝰魚的獠牙非常尖長，甚至有些個體長到沒辦法收進嘴巴裡。

　　不過，即便有著如此長的獠牙，若是嘴巴張得不夠大的話，也就失去意義了。蝰魚的嘴巴乍看沒有很大，但下顎可如脫臼般向前伸出，讓嘴巴大幅度張開。然後，再利用收回下顎的力量，吞進整隻獵物。

　　然而，蝰魚的身體非常細長、體長也僅約30公分。因凶煞的外表而被形容為「深海匪徒」，但牠們並不沒有很擅長爭鬥，自己也常變成其他深海生物的餌食。

◄ C O L U M N ►

小知識

狗母魚和蝰魚的關係

熟習魚類的人，應該也有聽過狗尾魚吧。然而，狗尾魚（エソ）為仙女魚目狗母魚科的魚類，跟蝰魚（ホウライエソ）不是同一家族。

QUIZ 謎題

Q. 蝰魚眼睛下方的發光器有什麼作用？

① 驚嚇敵人
② 沒有意義的裝飾
③ 用來跟同伴溝通

答案在下一頁

偕老同穴

棲息深度

| 0 | 500 | 1000 | 1500 | 2000 | 2500 | 3000 (m) |

稀有度 ★★★☆☆

200m～1000m
1001m～1500m
1501m～3000m
3001m～

身體裡面 住著一對蝦子夫婦

謎題揭曉

答案 ③用來跟同伴溝通　眼睛下方的小發光器，可用來跟同伴、異性進行溝通。

124

學名	Euplectella aspergillum	種族	松骨海綿目偕老同穴科
棲息深度	100～3000公尺	棲息地	太平洋、大西洋等
體長	約10～80公分	食物	小型浮游生物

　　直立於海底的偕老同穴是一種海綿動物，雖然看起來像是白色的籠子，但卻是真真實實的生物，過著以浮游生物等為食的生活。

　　在偕老同穴的裡頭（胃腔內），住著兩隻關係親近的雌雄儷蝦（Spongicola venusta）。儷蝦在年幼時期就會鑽進偕老同穴，直接把裡頭當作是自己的家。

　　住在裡頭能夠免受外敵威脅，還有作為餌食的有機物流進來，而且不會跟最愛的對象分開。對儷蝦來說，偕老同穴裡頭是非常舒適的空間。

◀ C O L U M N ▶ 小知識

海綿動物是什麼樣的生物？

海綿動物是沒有腦、神經、內臟；極為單純的生物。由穿過身體的水，濾食獵物、有機物來存活。

QUIZ 謎題

Q. 偕老同穴的英文是什麼意思？
①維納斯的花籃
②天使的搖籃
③幸福的鳥籠

答案在下一頁

KEEP OUT KEEP OUT

宛若傳說雪男的手毛

雪人蟹

棲息深度

0　500　1000　1500　2000　2500　3000 (m)

200m～1000m

1001m～1500m

1501m～3000m

3001m～

讓細菌住在手毛中

詭異程度

大中小

答案　❶維納斯的花籃　英文名稱為「Venus' Flower Basket」，意為維納斯的花籃。

學名	Kiwa tyleri	種族	十足目基瓦科
棲息深度	2200～2400公尺	棲息地	南東太平洋的海底熱泉區域
體長	約15公分	食物	細菌

　　據說喜馬拉亞山上居住著傳說中的雪人Yeti，身高有2公尺高，全身覆蓋雪白的毛。

　　雪人蟹就是以這個雪人命名的生物，螯足長滿如雪人般的白毛，讓細菌住在毛裡頭，自己再以這些細菌為食。

　　雪人蟹為了這些細菌，居住在會噴出超過300℃熱水的海底熱泉區域。熱水中富含細菌所需的營養要素，雪人蟹會揮動螯足讓細菌獲得養分。換句話說，牠們是自己飼養獵物。

◀ COLUMN ▶

小知識

會飼養細菌的生物

名為阿爾文蝦（Rimicaris kairei）的蝦子，也是棲息於海底熱泉口附近，以細菌為食的生物。雖然沒有毛茸茸的毛，但會在身體內側飼養細菌。

QUIZ 謎題

Q. 雪人蟹跟下列何者親緣關係接近？
①蝦子
②螃蟹
③寄居蟹

答案在下一頁

KEEP OUT　KEEP OUT

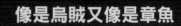

像是烏賊又像是章魚

幽靈鞘

棲息深度

| 0 | 500 | 1000 | 1500 | 2000 | 2500 | 3000 (m) |

稀有度 ★★★☆☆

200m～1000m

1001m～1500m

1501m～3000m

3001m～

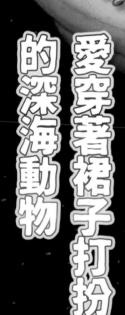

愛穿著裙子打扮的深海動物

答案 ③寄居蟹。雖然名稱中有「蟹」字，但在分類上接近寄居蟹。

學名	Vampyroteuthis infernalis	種族	幽靈蛸目幽靈蛸科
棲息深度	1000～2000公尺	棲息地	世界各地
體長	約15公分	食物	小型浮游生物、海洋雪花

　　幽靈鞘的英文為「Vampire Squid（吸血鬼烏賊）」，牠們到底是章魚還是烏賊？

　　其實，幽靈鞘既不是章魚也不是烏賊，牠們是繼承了章魚與烏賊共同祖先的樣貌，存活到現代的原始生物。

　　幽靈鞘的觸手共有10隻，其中8隻觸手以膜相連，外型像裙子一樣。膜的背面為黑色，裙子翻過來後，幽靈鞘就能跟漆黑的環境同化。

　　剩餘的2隻觸手如絲線般細長，不怎麼顯眼。因此，剛發現時還以為僅有8隻觸手，而被認為是章魚。

◄ COLUMN ►

「吸血鬼烏賊」真的會吸血嗎？

小知識

幽靈鞘以浮游生物、海洋雪花為食，跟其他頭足類相比，飲食算是恬靜和平，實際上並沒有吸過誰的血。

QUIZ 謎題

Q.幽靈鞘2隻細長的觸手能夠伸得多長？

①體長的4倍
②體長的8倍
③體長的16倍

答案在下一頁

KEEP OUT　KEEP OUT

鱗角腹足蝸牛

鱗片的硬度是人齒的 2 倍

棲息深度

| 0 | 500 | 1000 | 1500 | 2000 | 2500 | 3000 (m) |

稀有度 ★★★★★

200m～1000m
1001m～1500m
1501m～3000m
3001m～

靠著鋼鐵般的鎧甲保護自己

大中小

學名	Chrysomallon squamiferum（Scaly-foot gastropod）		
種族	Neomphalina Peltospiridae※	棲息深度	2420～2600公尺
棲息地	印度洋的海底熱泉區域	體長 約3公分（螺殼）	食物 從細菌獲得養分

鱗角腹足蝸牛是發現於2001年，命名於2015年的深海新生物。其英文名稱中的「Scaly-foot」意為「覆蓋鱗片的腳」，而日文名稱為ウロコフネタマガイ（鱗足螺）。

如同英文與日文名稱都有出現「鱗」，鱗角腹足蝸牛的腳覆蓋著硫化鐵的鱗片。令人驚訝的是，鱗片的硬度竟然有人類牙齒的2倍。普通的螺類遭遇敵人時，會將腳整個縮進螺殼中，但鱗角腹足蝸牛會用鐵腳來保護自己。

換句話說，鱗角腹足蝸牛就像是穿著鋼鐵鎧甲的生物。不要說深海了，世界各地都還沒有發現其他生物長得像這樣。

※：尚未有正式的中文名稱。

◀ COLUMN ▶

還有白色的鱗角腹足蝸牛？

小知識

在發現黑色鱗角腹足蝸牛的9年後，又發現白色的鱗角腹足蝸牛。雖然DNA相同，但白色的螺殼未含硫化鐵。

QUIZ 謎題

Q. 發現白色鱗角腹足蝸牛的是哪一國的研究團隊？
①美國 ②中國
③日本

答案在下一頁

哺乳類界的潛水冠軍

柯氏喙鯨

棲息深度

| 0 | 500 | 1000 | 1500 | 2000 | 2500 | 3000 (m) |

稀有度 ★★★☆☆

200m～1000m

1001m～1500m

1501m～3000m

3001m～

能夠持續潛水2小時以上

誰與爭鋒

小

答案　③日本　發現黑色類型的是美國，發現白色類型的是日本的研究團隊。

學名	Ziphius cavirostris	種族	鯨偶蹄目喙鯨科
棲息深度	0～2992公尺	棲息地	世界各地
體長	約7公尺	食物	烏賊類、魚類

　　柯氏喙鯨是體長約7公尺的中型鯨魚，雖然個體數不多，但棲息於世界各地，通常2～7頭聚集成群。日文名稱的「赤坊鯨」，不是因為像帶著紅帽子，而是臉部像極嬰兒而得名。

　　不過，雖然柯氏喙鯨一臉童顏，卻有著驚人的潛水能力。根據美國的柯氏喙鯨調查，某個體能夠潛至水深2992公尺，還有個體能夠持續潛入海中長達138分鐘。

　　就連潛水特化的抹香鯨，最久的潛水時間也約為90分鐘。有朝一日，還會不會出現打破柯氏喙鯨最久紀錄的哺乳類呢？

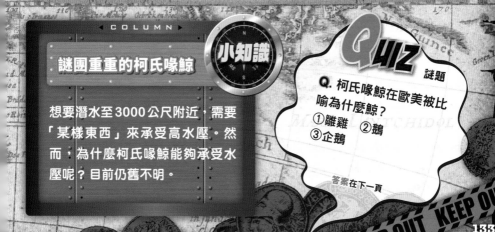

◀ COLUMN ▶

小知識

謎團重重的柯氏喙鯨

想要潛水至3000公尺附近，需要「某樣東西」來承受高水壓。然而，為什麼柯氏喙鯨能夠承受水壓呢？目前仍舊不明。

QUIZ 謎題

Q. 柯氏喙鯨在歐美被比喻為什麼鯨？
①雛雞　②鵝
③企鵝

答案在下一頁

KEEP OUT KEEP OUT

霸王級的猬團
牟氏脆心形海膽

棲息深度

| 0 | 500 | 1000 | 1500 | 2000 | 2500 | 3000 (m) |

稀有度 ★★★☆☆

200m～1000m

1001m～1500m

1501m～3000m

3001m～

在海底爬來爬去

詭異程度

答案 ❷鵝 英文名稱為「Goose-beaked Whale（鵝喙鯨）」。

學名	Linopneustes murrayi	種族	猬團目古心形海膽科
棲息深度	560～1615公尺	棲息地	西太平洋
體長	最大約20公分	食物	有機物

　　光聽名字會讓人覺得是未知生物，但牟氏脆心形海膽是海膽的同伴。身體覆蓋著尖刺，尖刺在不同的生長部位，粗細、長短會有所不同。

　　雖然由外觀難以想像，但牟氏脆心形海膽意外地活潑好動，宛若掃地機器人般，活動針刺在海底爬來爬去。

　　牟氏脆心形海膽最大約有20公分。其他猬團類通常會潛藏於海底生活，但若有像牟氏脆心形海膽一樣的大小，就算顯眼也不太需要擔心遭受敵襲吧。因此，牠們能夠堂堂正正外出走動，收集海底的有機物來食用。

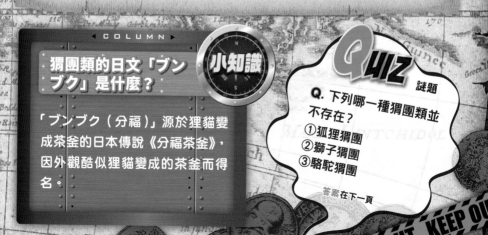

◀ COLUMN ▶

小知識

猬團類的日文「ブンブク」是什麼？

「ブンブク（分福）」源於狸貓變成茶釜的日本傳說《分福茶釜》，因外觀酷似狸貓變成的茶釜而得名。

QUIZ 謎題

Q. 下列哪一種猬團類並不存在？
①狐狸猬團
②獅子猬團
③駱駝猬團

答案在下一頁

凶神惡煞卻意外地敏感

喬氏長鰭鮟鱇

棲息深度

0　　500　　1000　　1500　　2000　　2500　　3000 (m)

稀有度 ★★★★★

200m～1000m

1001m～1500m

1501m～3000m

3001m～

遠離身體的側腺

超

特大
大
中
小

詭異程度

答案 ③駱駝猙團　其他還有狸貓猙團、老鼠猙團等等。

136

學名	Caulophryne jordani	種族	鮟鱇目長鰭鮟鱇科
棲息深度	700～3000公尺	棲息地	不明
體長	約20公分（雌魚）	食物	不明

喬氏長鰭鮟鱇的日文名稱極長，光是記憶就要記好久，但牠們是冠上美國魚類學家喬丹（David Starr Jordan）博士之名，帶有長魚鰭的鞭冠鮟鱇。

然而，比起長魚鰭，牠們更讓人在意的特徵是，從身體長出宛若金屬針的細線。

這些細線的真面目是，感測水流的側腺。側腺一般長於魚體的側面，牠們的側腺卻是遠離身體。

牠們會使用發達的側腺，快速感測獵物的位置吧。

◀ COLUMN ▶

明明是鞭冠鮟鱇卻不會發光

小知識

長鰭鮟鱇科家族的釣竿狀附肢前端不會發光，跟其他的鞭冠鮟鱇不同，裡面沒有發光細菌居住。

QUIZ 謎題

Q. 目前鮟鱇目家族共發現多少種類？
①約10種
②約150種
③約300種

答案在下一頁

KEEP OUT

日文名稱取自縱橫天下的大盜

柯氏潛鎧蝦

棲息深度

| 0 | 500 | 1000 | 1500 | 2000 | 2500 | 3000 (m) |

稀有度 ★★★★★

200m～1000m

1001m～1500m

1501m～3000m

3001m～

食用毛中的
細菌來生活

旅程程冊

大
中
小

答案 ③約300種 可食用的黃鮟鱇、鞭冠鮟鱇等等，目前發現超過300種的鮟鱇物種。

生物資料

學名 Shinkaia crosnieri		**種族** 十足目鎧甲蝦科	
棲息深度 700～1600公尺		**棲息地** 沖繩海槽的海底熱泉區域	
體長 約5公分（蟹殼）		**食物** 細菌	

在安土桃山時代，有位名為石川五右衛門的天下大盜擾亂世間。石川五右衛門是一位只偷權力者財產的平民英雄，但據說他最後遭到豐臣秀吉的部下擒拿，被丟入大釜中用熱油活活烹死。

柯氏潛鎧蝦（五右衛門鎧甲蝦）是，冠名這位石川五右衛門的深海生物。雖然牠們沒有被人烹煮，卻在噴出超過300度熱泉的「熱泉出口」附近棲息。

柯氏潛鎧蝦的茸毛裡頭，有著許多以熱泉中富含的物質為養分的細菌。然後，牠們再以食用這些細菌來存活。

◀ C O L U M N ▶ 小知識

為什麼柯氏潛鎧蝦不會被煮熟？

熱泉出口的水溫非常高，但只要遠離10公分，水溫就會下降約10度。因此，柯氏潛鎧蝦不會被煮熟。

QUIZ 謎題

Q. 柯氏潛鎧蝦跟下列何者親緣關係接近？
①蝦子 ②螃蟹
③寄居蟹

答案在下一頁

大王具足蟲

棲息深度

| 0 | 500 | 1000 | 1500 | 2000 | 2500 | 3000 (m) |

稀有度 ★★★☆☆

200m〜1000m

1001m〜1500m

1501m〜3000m

3001m〜

特大
大
中
小

以死骸為食的 「海底清潔工」

答案 ③寄居蟹 雖然名稱中有「蝦」，外觀又像是「蟹」，但在分類上接近寄居蟹。

學名	Bathynomus giganteus	種族	等足目漂水蝨科
棲息深度	200～2000公尺	棲息地	墨西哥灣、大西洋、印度洋等
體長	約40公分	食物	魚等的死骸

　　大家應該都曾經跟鼠婦玩樂過吧，牠們蜷縮成一團的模樣，真的非常可愛。大王具足蟲跟鼠婦一樣都是等足目的物種，但體長最大可達50公分，想要一起玩樂需要相當大的勇氣。

　　大王具足蟲是等足目中最大的物種，但為什麼會變得如此巨大？目前仍舊不明。順便一提，雖然牠們沒辦法蜷縮成一團，身後的板狀步足與尾部連在一塊，能夠快速地游動。

　　大王具足蟲是以生物的死骸為食，所以牠們又被稱為「海底清潔工」。

◀ C O L U M N ▶ 小知識

可長達5年不吃任何東西的「No.1」

飼養於鳥羽水族館的大王具足蟲「No.1」（名字），超過5年不吃任何東西活著。雖然不曉得最後的死因為何，但據說確定不是餓死。

QUIZ 謎題

Q. 鳥羽水族館的「No.1」5年絕食的結果為何？
①身體變小
②體重減少
③體重反而增加

答案在下一頁

日本房棘日輪海星

棲息深度

| 0 | 500 | 1000 | 1500 | 2000 | 2500 | 3000 (m) |

稀有度 ★★★☆☆

200m～1000m

1001m～1500m

1501m～3000m

3001m～

數數看牠們的觸手

滴度注意層

特大
大
中
小

答案 ③體重反而增加 非常不可思議，體重比入館前增加了20公克。

學名 Crossaster japonicus		**種族** 有緣目太陽海星科	
棲息深度 90～2090公尺		**棲息地** 日本海等	
體長 約8公分		**食物** 小型生物	

　　說到海星，大家腦中會浮現「★」吧。如同英文名稱「Sea Star（海星）」，海星給人5隻觸手的星形意象。

　　然而，在深海，海星的模樣就不一樣了。深海海星之一的日本房棘日輪海星，觸手有10隻左右，雖然是海星但長得卻像太陽。

　　這邊會說「10隻左右」，是因為觸手的數量並不固定。那一個海星有9隻觸手、這一個海星有12隻觸手，數量相當不確定。

　　身體中央大大隆起，但嘴部位於海底面側。牠們相當貪婪，有時還會捕食其他海星。

◀ C O L U M N ▶ **小知識**

緩海星科（Pycnopodiidae）的向日葵海星

向日葵海星（Pycnopodia helianthoides）是最大有1公尺的巨大海星，但（就海星家族來說）移動速度卻跟其龐大身軀不符，以每分鐘3公尺的高速移動。

QUIZ 謎題

Q. 將海星切割成兩半會發生什麼事情？
①死亡
②其中一半存活下來
③兩半都存活下來

答案在下一頁

誰才是真正的「大王」！？

大王酸漿魷

棲息深度

| 0 | 500 | 1000 | 1500 | 2000 | 2500 | 3000 (m) |

稀有度 ★★★★★

200m～1000m ／ 1001m～1500m ／ 1501m～3000m ／ 3001m～

跟大王烏賊並列的世界最大級烏賊

詭異圖鑑

大中小

答案 ③兩半都存活下來　海星類的再生能力極強，被切成兩半後會再生成2隻海星。

144

學名	Mesonychoteuthis hamiltoni	種族	管魷目酸漿魷科

棲息深度	2000公尺附近	棲息地	南極海

體長	約4.5公尺	食物	魚類

在深海裡，存在與大王烏賊並列「世界最大級」的巨大烏賊，牠們是同樣冠上「大王」的大王酸漿魷。

大王酸漿魷的體重重達500公斤，雖然發現案例鮮少無法明確斷言，但世界上可能還有比大王烏賊更巨大的烏賊。

大王酸漿魷的吸盤呈現鉤爪狀，以這些鉤爪捕獲魚類食用。如此巨大的身軀，食量肯定非同小可……很多人會這麼認為吧，但大王酸漿魷相當小食，據說只需進食1隻5公斤重的魚，牠們就能持續存活200多天。

◄ C O L U M N ►

天敵果然是那傢伙

在抹香鯨的胃部可發現大王酸漿魷；抹香鯨不只會襲擊大王烏賊，對大王酸漿魷來說也是天敵。

QUIZ 謎題

Q. 世界最小的烏賊有幾公分？
①2公分
②5公分
③10公分

答案在下一頁

KEEP OUT KEEP OUT

什麼都可以吃下肚
巨型管蟲

棲息深度

0　500　1000　1500　2000　2500　3000　(m)

稀有度 ★★★☆☆

與細菌共同生活

猜猜誰比較小

特大
大
中
小

答案　①2公分　體長2公分左右的微鰭烏賊，是世界最小的烏賊。

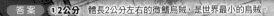

生物資料

學名	Riftia pachyptila	種族	縷鰓蟲目西伯加蟲科
棲息深度	2000～2670公尺	棲息地	東太平洋海底熱泉區域
體長	約3公尺	食物	由細菌獲得的養分

　　巨型管蟲是，在科隆群島（Galapagos Islands）海岸發現的沙蠶物種，紅色部分為鰓、白長部分為巢，巢中有著名為營養體的柔軟身體。簡單來說，就像是在管子中裝進蚯蚓的生物。

　　然而，巨型管蟲沒有嘴巴、消化器、肛門，明明是動物卻能什麼都不吃地存活著。

　　巨型管蟲體內住著許多細菌，牠們從這些細菌身上來獲取養分。牠們會棲息於熱泉旁邊，是因為這些細菌需要利用熱泉成分（硫化氫）來製造養分。

◀ C O L U M N ▶

好像光合作用！細菌製造養分的機制

小知識

在巨型管蟲體內的細菌，會讓硫化氫與水中的氧氣起化學反應，再藉由此反應產生的能量，將二氧化碳轉換成養分。

QUIZ 謎題

Q. 巨型管蟲日文名稱「ハオリムシ」的漢字為何？

①羽織蟲
②齒折蟲
③羽尾離蟲

答案在下一頁

變色隱棘杜父魚

棲息深度

| 0 | 500 | 1000 | 1500 | 2000 | 2500 | 3000 (m) |

稀有度 ★★★☆☆

世界第一
醜的
深海魚!?

超
特大
大
中
小

撈起陸地時

學名	Psychrolutes phrictus	種族	鱸形目隱棘杜父魚科
棲息深度	800～2800公尺	棲息地	鄂霍次克海、北太平洋等
體長	約60公分	食物	小型生物

變色隱棘杜父魚，是有著蝌蚪般外型的大型深海魚。為了節省能量，大部分的時間都靜靜待在海底，儘管身軀龐大卻不怎麼顯眼。

然而，當變色隱棘杜父魚被撈至陸地時，會瞬間吸引大家的目光。身體會整個扁塌，看起來像長有鼻子、頭部垂下來的大叔臉孔。

據說這個變色隱棘杜父魚，被英國「醜陋動物保護協會」選為世界第一醜的動物。最先令人感到驚訝的是，世界上竟然有這種動物保護協會，再來，說牠們最醜也太可憐了吧。

◄ COLUMN ►

為什麼身體會扁塌？

小知識

撈至陸地的變色隱棘杜父魚會像被壓扁一樣，是因身體大部分為水分的關係，以較少的肌肉過著省能生活。

QUIZ 謎題

Q. 變色隱棘杜父魚日文名稱中的「ニュウドウ」是什麼意思？

①和尚 　②神明

③寺廟

答案在下一頁

KEEP OUT

KEEP OUT

雌雄同體的動物性浮游生物

秀箭蟲

棲息深度

| 0 | 500 | 1000 | 1500 | 2000 | 2500 | 3000 (m) |

稀有度 ★★★★★

200m～1000m / 1001m～1500m / 1501m～3000m / 3001m～

既是雌蟲
也是雄蟲

中
小

答案　❶和尚　漢字「入道」意為皈依出家，因宛若和尚頭而取名「ニュウトウカジカ（入道鰍）」。

學名	Sagitta elegans	種族	無膜目箭蟲科
棲息深度	表層～2000公尺以下	棲息地	北太平洋等
體長	約4公分	食物	小型浮游生物

　　秀箭蟲是，一種稱為毛顎動物的動物性浮游生物。「秀箭蟲」的名字，就是因牠們會向箭矢般筆直游泳前進而得名。

　　包含秀箭蟲的箭蟲家族，都沒有雌雄的分別，以1隻「雌雄同體」的個體扮演雌蟲與雄蟲的角色。

　　一般來說，生物必須相遇性別不同的個體才能繁衍後代，而既是雌蟲也是雄蟲的秀箭蟲，只要遇到相同的物種就沒有問題。兩隻秀箭蟲邂逅後，會相互排出精子與卵子。在難以遇到異性的深海，雌雄同體比較容易留下子孫。

◀ C O L U M N ▶

小知識

雌雄同體的深海生物

長吻帆蜥魚、爐眼魚、巨尾魚等也是雌雄同體，深海有許多雌雄同體的生物。

QUIZ 謎題

Q. 下列何者是雌雄同體的陸地生物？
①蝸牛
②瓢蟲
③蝨斯

答案在下一頁

世界最大的帶齒動物

抹香鯨

棲息深度

| 0 | 500 | 1000 | 1500 | 2000 | 2500 | 3000 (m) |

稀有度 ★★★☆☆

200m～1000m

1001m～1500m

1501m～3000m

3001m～

一生的3分之2都待在深海度過

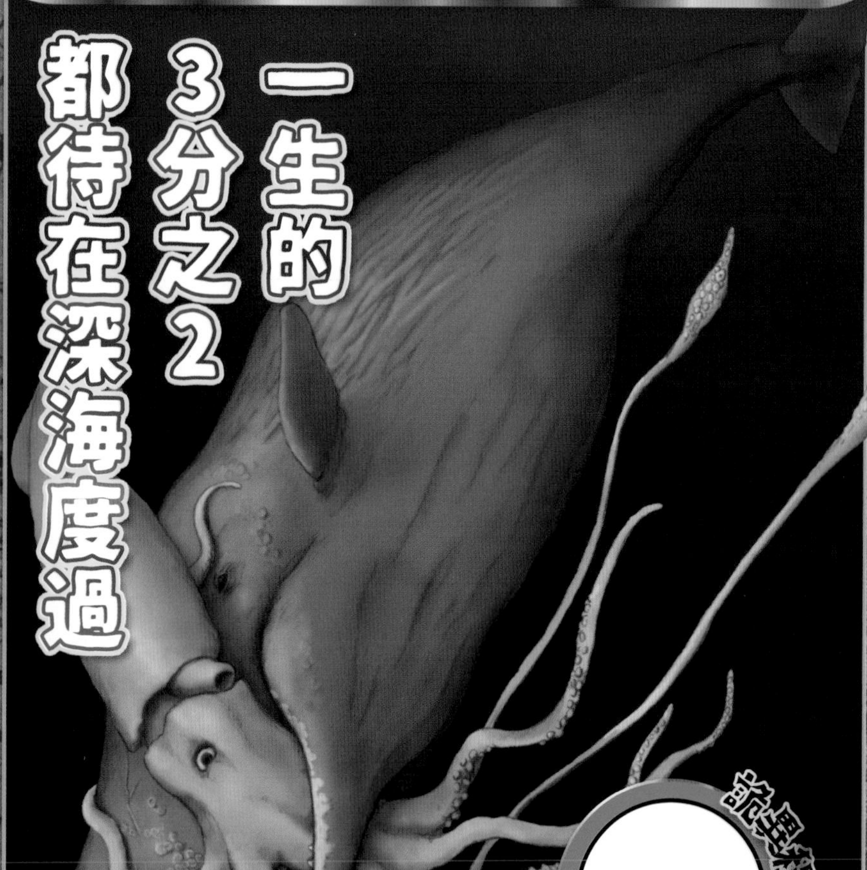

答案　❶蝸牛　除此之外，蚯蚓等也是雌雄同體。

學名	Physeter microcephalus	種族	鯨偶蹄目抹香鯨科
棲息深度	0～3000公尺	棲息地	世界各地
體長	約18公尺（雄鯨）	食物	烏賊類、魚類

　　抹香鯨的雄體最大重達50公噸，雖然體型小於藍鯨，但是世界最大的帶齒動物。

　　據說，抹香鯨一生有3分之2都待在深海度過。哺乳類沒辦法在水中呼吸，但抹香鯨能夠將氧氣儲藏於肌肉中，持續潛水1小時以上，而且潛水速度極快，推測只需約10分鐘就能到達水深1000公尺的地方。

　　四角形的頭部會發出巨大的喀答聲（click），藉由感測從獵物身上反射回來的聲音，確認獵物的位置。

◀ COLUMN ▶

大王烏賊與抹香鯨的關係

小知識

雖然兩者常被視為競爭對手，但實際上是抹香鯨強上許多，大王烏賊頂多只能傷及抹香鯨的皮膚。

QUIZ 謎題

Q. 抹香鯨的天敵是誰？
① 章魚
② 虎鯨
③ 沒有天敵

答案在下一頁

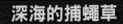

深海的捕蠅草
捕蠅草海葵的同伴

200m〜1000m ／ 1001m〜1500m ／ 1501m〜3000m ／ 3001m〜

這外型好像在哪兒見過

大中小

答案 ②虎鯨 遭遇成群的虎鯨襲擊，就算是抹香鯨也難以招架。

生物資料

學名	Actinoscyphiidae	種族	海葵目捕蠅草海葵科
棲息深度	650〜2000公尺	棲息地	墨西哥灣、日本近海
體長	約30公分	食物	魚類、甲殼類

　　大家曉得在陸地世界，有稱為「捕蠅草」、「蒼蠅地獄」的食蟲植物吧。捕蠅草靠著2片像嘴巴一樣的葉子，大口捕食接近的蟲子。

　　這次介紹的捕蠅草海葵，因外觀酷似捕蠅草而又被稱為「蒼蠅地獄海葵」。張著大大的嘴巴等待獵物上門，當獵物碰觸到觸手便閉起來捕食。牠們真的就像是捕蠅草一樣，不過捕蠅草是綠色，而捕蠅草海葵是紅色。不是植物的捕蠅草海葵不進行光合作用，所以沒有綠色的色素。然後，為了不在深海過於顯眼，體色呈現為紅色。

◀ C O L U M N ▶

小知識

捕捉到獵物之後……

捕蠅草捕捉到獵物後，會分泌消化液慢慢融化吸收，而捕蠅草海葵則是注入毒素來捕食獵物。

QUIZ 謎題

Q. 下列何者為實際存在的海葵？

①梅干海葵
②納豆海葵
③豆腐海葵

答案在下一頁

KEEP OUT　KEEP OUT

▶黑柔骨魚。
棲息深度為
900～3900公尺

等一下啦

人類向深海的挑戰

　　人類向深海的挑戰，早於西元前便已經開始。那位有名的馬其頓國王亞歷山大大帝，就曾留下坐進與船隻連接的玻璃樽桶，潛入大海的紀錄。

　　接著歷經許久到了17世紀左右，人們發明了名為潛水鐘（diving bell），具有實用性的有人潛水裝備。這個潛水鐘透過管子送進空氣的機制，讓人能夠長時間潛入水中。儘管如此，潛入深度僅有20公尺左右，遠遠到達不了深海。

　　人類正式潛入深海，是邁入20世紀後的事情。1929年，出現可潛到200公尺深的日本潛水艇「西村式豆潛水艇」；1948年，發明了不需要電纜也能夠活動的潛水艇Bathyscaphe。結束了朝向深海的時代，迎接調查深海的時代到來。

　　然後，1960年，美國的「里雅斯特號（Trieste）」到達馬里亞納海溝的最深處。人類終於抵達世界第一深的海底。

調查深海的日本有人潛水調查船「しんかい6500」

©JAMSTEC

　　日本有潛至6500公尺深的載人潛水調查船「しんかい6500」，其活動範圍除了日本近海之外，還擴及太平洋、印度洋、大西洋，至今完成超過1500次的潛航。「しんかい6500」的深海調查幫助了人類解明生物的進化，了解地球內部的活動、地球環境的歷史。

精選之1
小眼鮋鮄
▶▶▶ **P.170**

精選之3
角高體金眼鯛
▶▶▶ **P.168**

精選之2
巨尾魚
▶▶▶ **P.188**

A B Y S S O P E L A G I C ＆ H A D O P E L A G I C

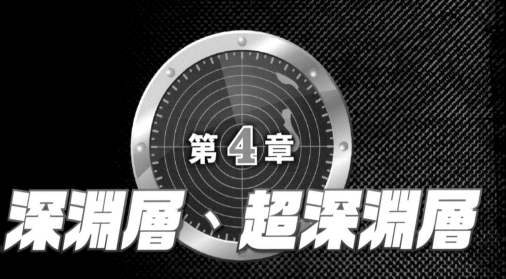

第4章
深淵層、超深淵層

3001M～

水深3001公尺～6000公尺的海域，
稱為深淵層；超過6000公尺的深水部
分，稱為超深淵層。在如此漆黑、高水
壓的環境，竟然還有生物存在！一起來
窺看深海底部生物們的驚人姿態吧！

只有自己才看得到的光線

黑柔骨魚

棲息深度

| 0 | 500 | 1000 | 1500 | 2000 | 2500 | 3000 (m) |

稀有度 ★★★☆☆

200m～1000m
1001m～1500m
1501m～3000m
3001m～

分開使用
紅光與白光

特大
大
中
小

詭異程度

答案　①梅干海葵　等指海葵（Actinia equina）。因鮮紅的觸手縮回後，看起來像是梅干而得名。

160

學名	Malacosteus niger	種族	巨口魚目巨口魚科
棲息深度	900～3900公尺	棲息地	世界各地
體長	約26公分	食物	魚類

　　黑柔骨魚的眼睛下方與後方帶有發光器，眼睛下方的發光器可發出紅光，眼睛後方的發光器可發出白光，牠們會分開使用這兩種色光。

　　在深海，這個紅光特別有助於尋覓藍、綠色的魚。因為紅光幾乎到達不了深海，許多深海生物的眼睛感受不到紅光。換句話說，黑柔骨魚能看見這個的紅光，但周圍的生物看不見。

　　黑柔骨魚利用只有自己看得到的光尋覓獵物。因為獵物、天敵都看不見的關係，牠們能夠悠悠地狩獵。

◄ COLUMN ►

白光是照亮深海的色光

小知識

生物不少都會發出白光。白光在深海可照至遠處，讓生物看清楚四周，而紅光不適合用來照亮遠處。

QUIZ 謎題

Q. 下列哪種顏色在深海最容易看見？
① 黃色
② 橘色
③ 藍色

答案在下一頁

KEEP OUT KEEP OUT

明明是海參卻擅長游泳

浮游海參

棲息深度

0　500　1000　1500　2000　2500　3000 (m)

稀有度 ★★★☆☆

200m～1000m

1001m～1500m

1501m～3000m

3001m～

游了又吃
吃了又游

答案 ③藍色　相較於橘色、黃色光，藍光能夠抵達海洋深處。

特大
大
中
小

學名	Enypniastes eximia	種族	平足目浮游海參科
棲息深度	300～6000公尺	棲息地	太平洋
體長	約20公分	食物	有機物

　　棲息於淺海的海參會貼在海底生活，牠們可從海底泥中的有機物獲取養分，不需要游動也能夠存活。

　　然而，深海的海參可就不是這麼回事了。深海泥中的有機物鮮少，僅待在海底四處爬行，會難以生存下去。

　　因此，深海中有許多會游動的海參，其中又以浮游海參特別擅長游泳，游泳的時間遠比待在海底還要長。

　　進食時會待在海底，但轉眼間吃完後又會優雅地游起來，尋找下一個覓食的地方。

◀ C O L U M N ▶

在深海會游泳的海參

小知識

棲息深海的飄浮牛海參（Peniagone dubia），跟浮游海參一樣是會游泳的海參，因游泳的姿態像是在飄浮而得名。

QUIZ 謎題

Q. 浮游海參的體色會隨著成長如何變化？
①變深
②不變
③變淺

答案在下一頁

比起用眼觀看，選擇用身體感受的魚

阿氏爐眼魚

棲息深度

0　500　1000　1500　2000　2500　3000 (m)

稀有度 ★★★☆☆

200m～1000m

1001m～1500m

1501m～3000m

3001m～

形似眼睛
卻不是眼睛

捕捉程度

大
中
小

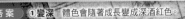

學名	Ipnops agassizii	種族	仙女魚目爐眼魚科
棲息深度	1500～3500公尺	棲息地	太平洋、大西洋等
體長	約13公分	食物	甲殼類

在光線抵達不了的海底，許多生物的眼睛整個退化。這個阿氏爐眼魚也不例外，雖然幼魚時長有眼睛，但轉為成魚後眼睛就會消失。

「哪有，明明就有眼睛啊！」很多人會想這麼說吧，但那不是眼睛，而是名為網膜的平坦膜。阿氏爐眼魚靠著這個網膜感受光線，沒有眼睛也能察覺附近有發光生物。

不過，即使待在漆黑的深海，選擇捨棄小時候還有的眼睛，真的是勇氣可嘉。或許對牠們來說，沒有眼睛不是退化而是進化吧。

◀ C O L U M N ▶

眼睛退化的物種與進化的物種

小知識

雖然深海有許多生物的眼睛退化，但也有進化成大眼，仰賴些微光線的生物。巨海螢就是其中之一個例子。

QUIZ 謎題

Q. 深海異帆烏賊（Histioteuthis heteropsis）的眼睛特徵為何？
①左右眼的大小不同
②左右眼的位置不同
③僅有單邊的眼睛

答案在下一頁

神奇姿態的肉食性海綿動物

豎琴海綿

棲息深度

0　500　1000　1500　2000　2500　3000 (m)

稀有度 ★★★★☆

流通范辦

大
中
小

靜靜等待流過來的食物

200m～1000m / 1001m～1500m / 1501m～3000m / 3001m～

答案　①左右眼的大小不同　游泳時總是以單邊的眼睛朝上，僅尋找獵物的上側眼睛較大較發達。

166

學名 Chondrocladia lyra		**種族** 異骨海綿目枝根海綿科	
棲息深度 3300～3500公尺		**棲息地** 北加利福尼亞海岸	
體長 約36公分		**食物** 甲殼類	

　　如同其名，豎琴海綿是海綿動物的一種。124頁偕老同穴的姿態已經讓人印象深刻了，但這個豎琴海綿的衝擊性也非同小可。

　　從宛若根的部分垂直長出白色的小枝，小枝前端好像形成圓圓的形狀。今後看到棉花棒，可能都會聯想到牠們吧。

　　目前已知豎琴海綿是肉食性的海綿動物，仔細觀察會發現所有小枝都長著細小的尖刺，牠們會使用這些尖刺來捕獲小蝦子等，再用薄膜包覆獵物來緩慢消化。

◀ C O L U M N ▶

小知識

長得像豎琴的豎琴海綿

豎琴海綿因外觀形似樂器的豎琴而得名。順便一提，三角形的羽根數量會因個體而異。

QUIZ 謎題

Q. 下列何者不是實際存在的生物？
①三味線貝
②喇叭海膽
③鋼琴蝦

答案在下一頁

KEEP OUT

讓人感到意外的反差

角高體金眼鯛

棲息深度

| 0 | 500 | 1000 | 1500 | 2000 | 2500 | 3000 (m) |

稀有度 ★★★★★

200m～1000m

1001m～1500m

1501m～3000m

3001m～

獠牙長到閉不起嘴巴

超

特大
大
中
小

答案 ③鋼琴蝦 前兩者學名分別為Lingula jaspidea、Toxopneustes pileolus。順便一提，薛氏琵琶（Rhinobatos schlegelii）的英文為「guitarfish（吉他魚）」。

學名	Anoplogaster cornuta	種族	金眼鯛目狼牙鯛科
棲息深度	600～5000公尺	棲息地	太平洋、大西洋等
體長	約15公分	食物	魚類

　　由外表就能看出，角高體金眼鯛有著兇狠的獠牙。牠們總是張著嘴巴，並不是為了炫耀獠牙，而是獠牙長到閉不起來。

　　頭部因骨頭浮現而顯得凹凹凸凸的，看起來像是打鬥後留下的無數傷痕，這讓牠們看起來更加兇殘。

　　然而，角高體金眼鯛的體長僅約15公分，明明一臉凶神惡煞，實際上卻只有智慧手機般的大小。

　　而且，角高體金眼鯛使勁上下拍打胸鰭，努力游泳的姿態也相當惹人憐愛。

◀ COLUMN ▶

小知識

金眼鯛不是鯛魚

角高體金眼鯛是金眼鯛目的魚類。讓人聯想高級食材的金眼鯛，跟鱸形目的真鯛（Pagrus major）、黑棘鯛（Acanthopagrus schlegelii）屬於不同家族。

QUIZ 謎題

Q. 角高體金眼鯛（鬼金眼）日文名稱的由來為何？
① 像鬼怪一樣可怕
② 長有尖角
③ 紅色的身軀

答案在下一頁

KEEP OUT KEEP OUT

小眼鼬䲁

200m～1000m ／ 1001m～1500m ／ 1501m～3000m ／ 3001m～

用龐大的身軀
吃著死骸

新種的魚

中
小

學名	Spectrunculus grand	種族	鼬鳚目鼬鳚科
棲息深度	800～4500公尺	棲息地	日本近海、太平洋、大西洋等
體長	約1.5公尺	食物	生物的死骸

　　小眼鼬鳚有著如寺廟和尚般的光滑頭部，因為像是棲息於海底的和尚，所以日文才取名「ソコボウズ（底坊主）」。

　　小眼鼬鳚的體長最大可達2公尺，就棲息於水深3000公尺以下的生物來說，身軀相當的龐大。

　　小眼鼬鳚主要是以從上層掉落下來的生物死骸為食，即便死骸附近已有其他生物聚集，以其身軀也能簡單驅逐牠們吧。

　　小眼鼬鳚可能是為了能夠到遠處尋覓死骸，身體才如此巨大化。雖然和尚吃死骸好像不太對勁，但絕對不是白白長成這麼大的塊頭。

◀ COLUMN ▶

深海魚會棲息到多深的地方？

小知識

一般認為，魚類能夠棲息的水深界限為8200～8400公尺。然而，這到底僅是假說而已，在更深處發現魚類的可能性並非為零。

QUIZ 謎題

Q. 下列何者不是實際存在的生物？

① 坊主鰍
② 脂坊主
③ 坊主鮟鱇

答案在下一頁

KEEP OUT　KEEP OUT

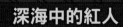

深海中的紅人

千手海參

棲息深度

| 0 | 500 | 1000 | 1500 | 2000 | 2500 | 3000 (m) |

稀有度 ★★★★★

200m～1000m

1001m～1500m

1501m～3000m

3001m～

流過指遭灘

小

尋覓餌食到處爬行的海參

答案　③坊主鮟鱇　前兩者的學名分別為Ebinania brephocephala、Erilepis zonifer。鮟鱇目是物種超過300種的大家族，但不存在坊主鮟鱇。

生物資料

學名	Scotoplanes globose	種族	平足目熊海參科
棲息深度	545～6720公尺	棲地	世界各地
體長	約8公分	食物	泥中的有機物

千手海參有著肥嘟可愛的身軀。在日本盂蘭盆節，人們會裝飾小黃瓜做成的馬、茄子做成的牛，旁邊再擺上類似千手海參的蚊香豬。

千手海參因有著許多觸手，形似佛像「千手觀音」而得名。雖然觸手實際上沒有多到千隻，但千手海參長有許多的腳（正確來說是管）。

長於海底側的腳稱為「管足」，千手海參使用超過10隻的管足在海底爬行。然後，背上有如觸角的部位，其實是稱為「疣足」的腳，可像感測器一樣偵測周圍狀況。

◀ COLUMN ▶　小知識

世界第一多腳的動物是馬陸

在美國發現的馬陸 Illacme plenipes，腳足多達750隻。雖然牠們不是海洋生物，但這是腳足最多的世界紀錄。

QUIZ 謎題

Q. 千手海參又被稱為什麼？
①海豬
②海牛
③海河馬

答案在下一頁

短腳雙眼鉤蝦

棲息深度

| 0 | 500 | 1000 | 1500 | 2000 | 2500 | 3000 (m) |

稀有度 ★★★☆☆

沒有東西可吃時會吃樹木

200m〜1000m ／ 1001m〜1500m ／ 1501m〜3000m ／ 3001m〜

大中小

答案　①海豬　他們又被稱為「Sea　Pig（海豬）」。

學名	Hirondellea gigas	種族	端足目粗鬍鉤蝦科
棲息深度	6000～10920公尺	棲息地	馬里亞納海溝等
體長	約4公分	食物	動物的死骸、樹木

　　世界第一深的海域是馬里亞納海溝，其最深部的水深約為10900公尺。這是連深海魚也不會靠近的深度。

　　然而，即便是這樣的深淵世界，仍有生物生活其中。日本無人探查機「かいこう」採集到的短腳雙眼鉤蝦，就是其中一種生物。

　　短腳雙眼鉤蝦以上層掉落的動物死骸、腐朽樹木等為食。人類無法分解樹木的主要成分纖維素，但牠們體內擁有能夠分解的物質。

　　牠們棲息的地方是深海中食物特別稀少的超深淵，必須連樹木都要有辦法分解為養分，才得以存活下去。

◄ C O L U M N ►

小知識

端足目的鉤蝦與十足目的蝦類

短腳雙眼鉤蝦是鉤蝦的同伴。雖然名字中有「蝦」字，但跟龍蝦、斑節蝦等十足目為不同的家族。

QUIZ 謎題

Q. 除了深海生物以外，無人探查機「かいこう」還調查了什麼？
①天氣　②地震
③海島

答案在下一頁

KEEP OUT　KEEP OUT

只有 4 隻觸手的水母

大王水母

棲息深度

0　500　1000　1500　2000　2500　3000 (m)

稀有度 ★☆☆☆☆

200m～1000m ／ 1001m～1500m ／ 1501m～3000m ／ 3001m～

大塊頭是好事

深海絕讚

特大
大
中
小

答案　❷地震　除了深海生物之外，探查機還調查了海底型地震。

176

學名	Stygiomedusa gigantean	種族	旗口水母目羊鬚水母科
棲息深度	6669公尺	棲息地	世界各地
體長	約1.4公尺（傘狀體）	食物	浮游生物

　　大王水母只有4隻從嘴部伸出、搬運餌食的口腕。此外，跟其他水母不同，牠們不具有毒性。不過，牠們的身體非常巨大，光是傘狀體的直徑就超過1公尺，有些個體的口腕長度最大超過10公尺，而且還像腰帶一樣粗。即便沒有無數的觸手、毒性，也能夠包覆獵物來捕食。這個大王水母的學名為Stygiomedusa gigantean，屬名中的medusa（美杜莎）是神話世界中登場的怪物，跟她對上眼的人會變成石頭。在漆黑的深海，眼前突然出現大王水母的話，獵物們應該也會像石化一樣僵硬動不了吧。

COLUMN　小知識

傘狀體直徑可達2公尺的越前水母

可食用的越前水母也是著名的大型水母之一，過去曾經因為大量落網而造成漁船翻覆事故。

QUIZ 謎題

Q. 世界上存在多少種水母？

①不到1000種
②1000～2999種
③3000種以上

答案在下一頁

新角鮟鱇

棲息深度

| 0 | 500 | 1000 | 1500 | 2000 | 2500 | 3000 (m) |

稀有度 ★★★★★

嘴巴周圍長滿獠牙

超
特大
大
中
小

跳跳超獺

生物資料

學名	Neoceratias spinifer	種族	鮟鱇目新角鮟鱇科
棲息深度	4000公尺附近	棲息地	不明
體長	約6公分	食物	不明

　　新角鮟鱇（獠牙鮟鱇）如同其名，是有著特別獠牙的鮟鱇魚，頭上沒有釣竿狀附肢，外觀也不像是鮟鱇魚。說到深海生物的獠牙，角高體金眼鯛、鮟鱇魚長到閉不起嘴巴的獠牙，令人印象深刻。不過，就另一層意義來說，新角鮟鱇的獠牙更加厲害，不只長到無法閉上嘴巴，還長滿了嘴巴周圍。在大多擁有尖銳獠牙的鮟鱇家族中，沒有比牠們更適合稱為「獠牙鮟鱇」的物種吧。不過，為什麼獠牙會長成如此模樣？很遺憾目前仍舊不明。如果大家是新角鮟鱇的話，會怎麼使用這樣的獠牙呢？

◀ COLUMN ▶ 小知識

雄魚果然比雌魚還要小隻

雖然沒有釣竿狀附肢，但新角鮟鱇果然是鮟鱇的同伴，雄魚比雌魚小上許多。左頁插圖的姿態，無一例外都是雌魚。

QUIZ 謎題

Q. 下列何者是實際存在的鮟鱇魚？
① 赤靴魚
② 藍靴魚
③ 綠靴魚

答案在下一頁

KEEP OUT　KEEP OUT

深海裡也有「蜘蛛」
紅大海蜘蛛

棲息深度

| 0 | 500 | 1000 | 1500 | 2000 | 2500 | 3000 (m) |

稀有度 ★★★★★

200m〜1000m ／ 1001m〜1500m ／ 1501m〜3000m ／ 3001m〜

非常便利的長腳

詭異程度

大
中
小

答案 ①赤靴魚 棘茄魚（Halieutaea stellata），鮟鱇目棘茄魚科的魚類。

生物資料

學名	Colossendeis colossea	種族	海蜘蛛目巨吻海蜘蛛科
棲息深度	700～4000公尺	棲息地	世界各地
體長	約40公分（開腳時）	食物	不明

　　各位讀者當中，應該有人非常討厭蜘蛛吧。令人遺憾的是，深海裡也有蜘蛛。跟陸地的蜘蛛不同，牠們屬於海蜘蛛家族。

　　紅大海蜘蛛是海蜘蛛類中最大的物種，身體狹小、幾乎由腳構成，感覺就像是只有腳在生活，但這麼說也沒有錯。牠們身體裡放不下的內臟、生殖器官，全都裝進長長的腳當中。

　　嘴巴呈現吸管狀，可刺進獵物身體吸取體液。

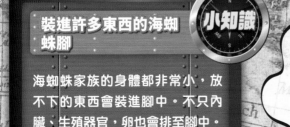

◀ C O L U M N ▶

小知識

裝進許多東西的海蜘蛛腳

海蜘蛛家族的身體都非常小，放不下的東西會裝進腳中。不只內臟、生殖器官，卵也會排至腳中。

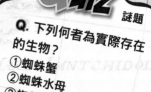

QUIZ 謎題

Q. 下列何者為實際存在的生物？

①蜘蛛蟹
②蜘蛛水母
③蜘蛛烏賊

答案在下一頁

獨樹鬚魚

棲息深度

| 0 | 500 | 1000 | 1500 | 2000 | 2500 | 3000 (m) |

稀有度 ★★★★★

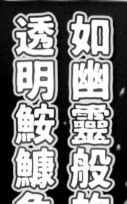

如幽靈般的
透明鮟鱇魚

200m～1000m ∕ 1001m～1500m ∕ 1501m～3000m ∕ 3001m～

猜猜我是誰

小

答案　①蜘蛛蟹　學名Oncinopus　aranea，蟹腳細長形似蜘蛛。

學名	Haplophryne mollis	種族	鮟鱇目樹鬚魚科
棲息深度	1500～3200公尺	棲息地	世界各地
體長	約8公分（雌魚）	食物	肉食

　　日文名稱出現惡魔與鬼怪的燈籠樹鬚魚，其外觀有著不輸給名字的魄力，而日文名稱出現幽靈與鬼怪的獨樹鬚魚（幽靈鬼鮟鱇），卻一點都不可怕。

　　名稱會冠上幽靈，是因皮膚缺乏色素，身體看起來透明的緣故。水母家族等，在深海有許多透明的生物，但透明的魚倒是挺少見的。

　　順便一提，日本過去都是用學名來稱呼獨樹鬚魚，視為「鬼鮟鱇的一種」。最近發現日本（小笠原群島近海）也有個體棲息後，日文才取名為幽靈鬼　　。

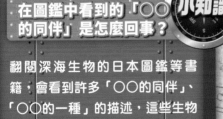

◀ COLUMN ▶

小知識

在圖鑑中看到的「○○的同伴」是怎麼回事？

翻閱深海生物的日本圖鑑等書籍，會看到許多「○○的同伴」、「○○的一種」的描述，這些生物是尚未取正式日文名稱的物種。

QUIZ 謎題

Q. 下列何者不是透明的身體？

①箭天竺鯛
②玻璃魚
③短頭眶燈魚

答案在下一頁

貝氏擬獅子魚

棲息深度

| 0 | 500 | 1000 | 1500 | 2000 | 2500 | 3000 (m) |

稀有度 ★★★★★

靠胖乎乎的身體 承受水壓

200m～1000m
1001m～1500m
1501m～3000m
3001m～

嚴選配料
大中小

答案　③ 短頭睡燈魚　雖然日文名稱（トドハダカ）有出現「裸」字，並非完全都看得見。

學名	Pseudoliparis belyaevi	種族	鱸形目獅子魚科
棲息深度	6156～7703公尺	棲息地	日本海溝
體長	約11公分	食物	甲殼類

　　在發現貝氏擬獅子魚、水深7703公尺的世界，大部分的魚類都無法生存。除了食物稀少之外，主要是沒辦法承受高水壓。有一種說法是，在水深8000公尺的地方，承受的水重相當於1600頭大象的重量。

　　貝氏擬獅子魚能夠承受如此驚人水壓的秘密，就在於牠們肥乎乎的身體。在本書前面也有幾個身體富含水分而肥大的魚類，牠們都能夠輕易承受高水壓。

　　吹入空氣的氣球會被水壓壓破，但裝入水的氣球在相同環境卻不會破掉。貝氏擬獅子魚的身體機制，可說是類似的原理吧。

◀ COLUMN ▶

小知識

貝氏擬獅子魚有著這樣的紀錄

其實，貝氏擬獅子魚是，世界首次成功拍攝水深超過7000公尺生態的魚類。由日本研究團隊於2008年10月拍攝。

QUIZ 謎題

Q. 獅子魚日文名稱「クサウオ」的由來為何？
①身體有味道
②味道像是綠草
③方言「くさい」

答案在下一頁

KEEP OUT KEEP OUT

KEEP OUT KEEP OUT

棲息於印度洋的鞭冠鮟鱇

印度樹鬚魚

棲息深度

| 0 | 500 | 1000 | 1500 | 2000 | 2500 | 3000 (m) |

稀有度 ★★★☆☆

200m～1000m

1001m～1500m

1501m～3000m

3001m～

最後變成雌魚的疣

大中小

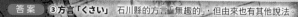

答案 ③方言「くさい」 石川縣的方言「無趣的」，但由來也有其他說法。

186

學名	Linophryne indica	種族	鮟鱇目樹鬚魚科
棲息深度	4000公尺以上	棲息地	印度洋、太平洋
體長	約5公分（雌魚）	食物	魚類、甲殼類

　　印度樹鬚魚是，一種棲息於印度洋的鞭冠鮟鱇。身體呈現咖哩般的紅褐色，但這只是偶然而已。

　　身體圓滾、下顎長有1根粗鬚。樹鬚魚科大多長有複雜的顎鬚，但印度樹鬚魚的顎鬚非常單純。

　　因為是鞭冠鮟鱇的同伴，果然雄魚比雌魚還要小隻。雖然雌魚沒有很大隻，約為5公分，但雄魚的大小僅有1.5公分左右。

　　然後，雄魚會咬住雌魚來繁衍後代，最後一體化變成雌魚身上的疣。

◄ C O L U M N ►

小知識

暫時咬住雌魚的雄性鮟鱇魚

在鞭冠鮟鱇家族中，小隻的雄魚會咬住雌魚，但並不是所有雄魚都就這樣被吸收，也有僅是暫時咬住雌魚的物種。

QUIZ 謎題

Q. 下列何者為實際存在的樹鬚魚？
① 多鬚樹鬚魚
② 落腮鬍樹鬚魚
③ 小鬍子樹鬚魚

答案在下一頁

正面突出大大的眼睛

巨尾魚

棲息深度

| 0 | 500 | 1000 | 1500 | 2000 | 2500 | 3000 (m) |

稀有度 ★★★☆☆

連些微的光線也不放過

特大
大
中
小

答案 ①多鬚樹鬚魚 如同其名，下顎長著亂蓬蓬的鬍鬚。

學名	Gigantura chuni	種族	仙女魚目巨尾魚科
棲息深度	500～3500公尺	棲息地	世界各地
體長	約20公分	食物	魚類

在深海裡，「看見」比想像中還要困難。許多生物待在這樣漆黑的環境，過著過著就放棄「看」這件事，眼睛不是變小退化就是消失不見。

但是，巨尾魚卻不一樣，正面突出大大的長筒狀眼睛，擺明了想要看得一清二楚。

然後，巨尾魚的眼睛絕對不是虛有其表。這個長筒狀眼睛稱為管狀眼，能夠捕捉到些微的光線。

當巨尾魚用這雙眼睛發現獵物時，會張開尖銳的獠牙襲擊。牠們的胃可膨脹變大，捕食體型比自己還要大的獵物。

◀ COLUMN ▶

小知識

仙女魚目巨尾魚科的魚

巨尾魚科是由巨尾魚與印度巨尾魚（Gigantura indica）1屬2種所構成，在日本近海首次發現的巨尾魚科是印度巨尾魚。

QUIZ 謎題

Q. 下列何者是長有管狀眼的生物？
①桶眼魚
②皇帶魚
③長吻帆蜥魚

答案在下一頁

KEEP OUT KEEP OUT

下顎的長度有頭部的 10 倍

咽囊鰻

棲息深度

0　　500　　1000　　1500　　2000　　2500　　3000 (m)

稀有度 ★★★☆☆

連同海水

吃進獵物

200m～1000m

1001m～1500m

1501m～3000m

3001m～

特大
大
中
小

答案　① 桶眼魚　桶眼魚也長有管狀眼

學名	Eurypharynx pelecanoides	種族	囊鰓鰻目寬咽魚科
棲息深度	500～7800公尺	棲息地	世界各地
體長	約75公分	食物	蝦類、魚類

　　咽囊鰻的最大特徵是，與身體尺寸不符的巨大嘴巴。下顎骨的長度竟然約有頭骨的10倍，與其說是頭部長著下顎，不如說是下顎上面乘著頭部。

　　這樣的外型讓人覺得牠們肯定吃得很多吧，但咽囊鰻的飲食生活意外地樸素，喜歡吃小型蝦類、魚類。牠們會張大嘴巴連同海水吞進小型獵物，再將海水吐出。嘴巴會演化成這樣，應該是為了在獵物鮮少的深海，盡可能多捕食一點的緣故吧。

　　細長的尾巴前端帶有發光器，咽囊鰻會用這個發光器來引誘獵物接近。

◀ COLUMN ▶

小知識

大嘴的囊鰓鰻

施氏囊鰓鰻（Saccopharynx schmidti）也是口大的深海魚。咽囊鰻是張開嘴巴，等待獵物上門；而囊鰓鰻則是襲擊獵物，整個吞食下肚。

QUIZ 謎題

Q. 咽囊鰻的英文名稱中出現什麼動物？
①河馬
②鵜鶘
③鱷魚

答案在下一頁

KEEP OUT KEEP OUT

◆ 參考資料

『学研の図鑑LIVE15巻 深海生物』監修：武田正倫 (学研プラス)
『ポプラディア大図鑑WONDAアドベンチャー 深海の生物』監修：藤倉克則 (ポプラ社)
『小学館の図鑑NEO〔新版〕魚』監修：井田齊、松浦啓一 (小学館)
『小学館の図鑑Z 日本魚類館～精緻な写真と詳しい解説～』編・監：中坊徹次 著・写真：鈴木寿之 (小学館)
『講談社の動く図鑑 EX MOVE 深海の生きもの』監修：奥谷喬司／尼岡邦夫 (講談社)
『深海生物ファイル—あなたの知らない暗黒世界の住人たち』著者：北村雄一 (ネコ・パブリッシング)
『深海生物大事典』著者：佐藤 孝之 (成美堂出版)
『カラー図鑑 深海の生きもの』著者：クリエイティブ・スイート (宝島社)
『深海生物の「なぜそうなった？」がわかる本』著・イラスト：北村雄一 (秀和システム)
『深海魚摩訶ふしぎ図鑑』著者：北村雄一 (保育社)
『へんないきもの』著者：早川いくを (バジリコ)
『〔改訂新版〕日本産魚類検索 全種の同定 第3版』編：中坊徹次
『世界で一番美しいクラゲの図鑑』著者：リサ＝アン・ガーシュイン (エクスナレッジ)
『FishBase』www.sealifebase.org
『NATIONAL GEOGRAPHIC』natgeo.nikkeibp.co.jp

PROFILE

新野 大

高知縣立足摺海洋館總經理、水族館策劃人。從小就對水產生物感興趣，1979年自東海大學海洋學部水產學系畢業後，進入新潟縣瀨波水族館就職。中間轉職青森縣營淺蟲水族館，1989年進入大阪Waterfront開發股份有限公司，參與大阪海遊館的開館事宜，後來在3間水族館擔任飼育人員，磨練生物飼育技術。自2005年轉為自由工作者，致力於執筆活動，現也參與足摺海洋館的翻修。《へんな生きもの図鑑 深海》（講談社）等等，監修、著作多數書籍。

TITLE

對不起，長這樣！深海生物圖鑑

STAFF

出版	瑞昇文化事業股份有限公司
監修	新野 大
譯者	丁冠宏
總編輯	郭湘齡
文字編輯	徐承義　蕭妤秦
美術編輯	許菩真
排版	執筆者設計工作室
製版	明宏彩色照相製版有限公司
印刷	龍岡數位文化股份有限公司
法律顧問	立勤國際法律事務所　黃沛聲律師
戶名	瑞昇文化事業股份有限公司
劃撥帳號	19598343
地址	新北市中和區景平路464巷2弄1-4號
電話	(02)2945-3191
傳真	(02)2945-3190
網址	www.rising-books.com.tw
Mail	deepblue@rising-books.com.tw
本版日期	2020年11月
定價	350元

ORIGINAL JAPANESE EDITION STAFF

執筆	斉藤正太 (ユニ創報)
插畫	川崎悟司
設計	杉本龍一郎 (開發社)
校正	文字工房燦光
編輯	藤本晃一 (開發社)
編輯部	服部梨繪子
照片	Shutterstock

國家圖書館出版品預行編目資料

對不起,長這樣!深海生物圖鑑 / 新野大
監修 ; 丁冠宏譯. -- 初版. -- 新北市 : 瑞
昇文化, 2019.12
192面 ; 14.8 X 21公分
ISBN 978-986-401-383-8(平裝)

1.海洋生物 2.動物圖鑑

366.9895   108018800